"十四五"职业教育国家规划教材

名校名师精品系列教材

U0161369

The C Programming
Language

C语言
程序设计

第3版 | 微课版

李刚 徐义晗 ◎ 主编

章万静 邢海霞 ◎ 副主编

人民邮电出版社

北京

图书在版编目（CIP）数据

C语言程序设计：微课版 / 李刚，徐义晗主编. --
3版. -- 北京：人民邮电出版社，2023.3
名校名师精品系列教材
ISBN 978-7-115-61121-5

Ⅰ．①C… Ⅱ．①李… ②徐… Ⅲ．①C语言－程序设
计－高等学校－教材 Ⅳ．①TP312.8

中国国家版本馆CIP数据核字(2023)第017406号

内 容 提 要

本书以 C 语言的基本语法、语句为基础，详细介绍 C 语言程序设计的基本方法，并融入素养拓展的内容。本书由浅入深、循序渐进，采用实例化的编写方式，并加以进阶案例项目练习及技能训练操作，旨在提高学生的算法设计和程序设计水平。

本书共 13 章，主要包括 C 语言概述、C 语言数据与运算、算法与流程图、顺序结构程序设计、选择结构程序设计、循环结构程序设计、数组、函数、编译预处理、指针、构造类型、位运算、文件等内容。

本书为国家级职业教育专业教学资源库配套教材，数字资源丰富，包括微课视频、动画、PPT 课件、题库、源程序、实验视频等。本书既可作为应用型本科院校和高职高专院校计算机相关专业的教材，也可作为各类计算机培训班的教材。

◆ 主　　编 李　刚　徐义晗
　　副 主 编 章万静　邢海霞
　　责任编辑 刘　佳
　　责任印制 王　郁　焦志炜
◆ 人民邮电出版社出版发行　　北京市丰台区成寿寺路 11 号
　　邮编　100164　电子邮件　315@ptpress.com.cn
　　网址　https://www.ptpress.com.cn
　　山东华立印务有限公司印刷
◆ 开本：787×1092　1/16
　　印张：17.25　　　　　　　　2023 年 3 月第 3 版
　　字数：376 千字　　　　　　 2025 年 2 月山东第 12 次印刷
定价：59.80 元
读者服务热线：(010)81055256　印装质量热线：(010)81055316
反盗版热线：(010)81055315

前 言 FOREWORD

本书第一版于 2015 年 2 月出版后，结合软件产业升级和技术发展动态，吸收最新的 C 语言课程教学改革成果，不断优化、更新教材内容。本次修订加印，为加快推进党的二十大精神进教材、进课堂、进头脑，在各章的知识储备模块部分，增加了社会主义核心价值观的内涵、圆周率的由来等拓展阅读内容，突出展示了社会主义核心价值体系的内核和中国优秀的传统文化，牢固树立中国特色社会主义道路自信、理论自信、制度自信、文化自信，进一步增强学习贯彻的自觉性和坚定性，在各章的实例设计与实现模块部分，增加了两弹元勋邓稼先的劳模精神、高校实验实训安全、工匠精神与大国工匠精神的不同、团队合作精神的培养等拓展阅读内容，重点强调劳模精神、创新意识、安全意识、协作意识、精益求精的质量意识，进一步弘扬团结奋斗、守正创新精神。

这次修订的主要工作如下。

• 进一步在教材中体现习近平新时代中国特色社会主义思想，将社会主义核心价值观、工匠精神、团队合作精神、劳模精神等元素融入教材。

• 对第 2 版存在的一些问题加以修正，更新了部分章节的项目案例及实验数据，同时每章增加"本章小结"模块，让学习者掌握各知识点间的关联，进而掌握重点内容和难点内容，以提升学习效果。

• 本书采用实例描述→知识储备→实例分析与实现→进阶案例的结构。第一步，通过实例描述引入问题，使读者了解案例的知识需求；第二步，基于生活化实例讲解基础知识及调试技巧，清晰阐述具体算法设计过程和操作步骤；第三步：通过实例分析与实现提高读者对相关程序结构的分析能力，第四步，通过进阶案例提高读者应用知识的能力。书中提供的进阶案例可以满足学生的进一步学习需求，以达到分层、分类培养的目的。

• 为进一步推动现代信息技术与教育教学深度融合，编者丰富和完善了数字资源建设，推出了教材配套的数字课程资源，包括微课视频、PPT 课件、实例动画、实验视频、题库、源程序、案例文档等，以更好地满足专业课程建设、专业群建设的需求。

- 在智慧职教平台同步更新了数字资源，以满足社会学习者的学习需求，构建新形态一体化教材，适应线上线下混合教学的需要。

- 为进一步提高学习者的程序设计水平，部分章节增加了"技能训练"模块，学习者可以扫描二维码观看视频中的示范操作，并进行技能训练，以达到学以致用的目的。

修订后，本书更符合职业能力培养、教学职场化、教材实践化的要求，更适合应用型本科院校和高职高专院校使用。

本书分为 13 章。第 1 章、第 2 章为语法基础，介绍了 C 语言概述和 C 语言数据与运算；第 3 章至第 6 章为程序设计结构，介绍了算法与流程图、顺序结构程序设计、选择结构程序设计和循环结构程序设计；第 7 章至第 9 章为初级应用，介绍了数组、函数和编译预处理；第 10 章至第 13 章为高级应用，介绍了指针、构造类型、位运算和文件。

本书由李刚、徐义晗任主编，章万静、邢海霞任副主编。本书编写分工如下：李刚编写第 1 章、第 4 章、第 6 章、第 11 章、第 13 章；徐义晗编写第 3 章、第 5 章、第 7 章、第 8 章；章万静编写第 2 章、第 10 章；邢海霞编写第 9 章、第 12 章；南京云空间网络科技有限公司技术总监谈亮、山东电子职业技术学院任文娟参与了本书实践教学案例的设计和"技能训练"模块的编写。全书由李刚统稿。本书在编写过程中还得到了刘万辉和侯丽梅的帮助和支持，在此表示衷心感谢。

读者可登录人邮教育社区(www.ryjiaoyu.com)下载本书提供的电子资源并使用。

由于编者水平有限，书中难免存在疏漏和不足之处，请广大读者批评指正。

编　者

2023 年 5 月

目 录 CONTENTS

第 1 章　C 语言概述

学习目标

- 了解 C 语言的发展史及特点。
- 掌握简单 C 语言源程序的基本结构。
- 掌握 Visual C++ 6.0 开发环境及其使用方法。
- 掌握 C 语言程序的基本编写步骤和调试方法。

实例描述——ATM 主界面设计

自从各大银行有了自动柜员机（ATM）以后，用户存取款就便捷了很多。ATM 一般包括查询余额、取款、存款、打印清单、转账、退卡等功能。其主界面如图 1.1 所示，该界面用 C 语言编程实现。

图 1.1　实例运行结果

知识储备

C 语言是使用最广泛的编程语言之一，被大量使用在系统软件与应用软件的开发中。它具有语言简洁、使用方便灵活、移植性好、能直接对系统硬件和外围接口进行控制等特点。本章将简要介绍 C 语言的发展史及特点、C 语言源程序的基本结构及开发环境等。

1.1　C 语言的发展史及特点

要学习 C 语言，应该先清楚地了解 C 语言的发展史，了解为什么要选择 C 语言，以及它有哪些特点，只有这样才会更深刻地了解这门语言，才能更好地学习这门语言。

1.1.1　C 语言的发展史

微课 1-1：C 语
言的发展史

C 语言是目前国际上最流行的计算机高级语言之一，它既可以用来编写系统软件，也可以用来编写应用软件，集汇编语言和高级语言的优点于一身。

C 语言的原型是 ALGOL 60 语言。1963 年，英国剑桥大学将 ALGOL 60 语言发展成为 CPL（Combined Programming Language）。1967 年，剑桥大学的马丁·理查德（Martin Richard）对 CPL 进行了简化，于是产生了 BCPL（Basic CPL）。1970 年，美国贝尔实验室的肯·汤普森（Ken Thompson）将 BCPL 进行了修改，并为它起了一个有趣的名字"B 语言"，意思是将 CPL 中的精华提炼出来，并且他用 B 语言写了第一个 UNIX 操作系统。1973 年，美国贝尔实验室的丹尼斯·M.里奇（Dennis M.Ritchie）在 B 语言的基础上设计出了一种新的语言，他用 BCPL 的第二个字母作为这种语言的名字，即 C 语言。

为了推广 UNIX 操作系统，1977 年，丹尼斯·M.里奇发表了不依赖于具体机器系统的 C 语言编译文本——《可移植的 C 语言编译程序》。

1978 年，布莱恩·W. 克尼汉（Brian W.Kernighian）和丹尼斯·M.里奇出版了名著 *The C Programming Language*（《C 程序设计语言》），从而使 C 语言成为当时广泛流行的程序设计语言。

随着微型计算机的普及，出现了许多 C 语言版本。由于没有统一的标准，这些 C 语言之间出现了一些不一致的地方。为了改变这种情况，美国国家标准学会（American National Standards Institute，ANSI）于 1983 年成立了专门定义 C 语言标准的委员会，花了 6 年时间使 C 语言迈向标准化。随着 C 语言被广泛关注与应用，ANSI C 标准于 1989 年发布。该标准一般被称为 ANSI/ISO Standard C，已成为现行的 C 语言标准，C 语言也随之成为最受欢迎的语言之一，许多著名的系统软件都是用 C 语言编写的。

1995 年，出现了初步的 C++语言。C++在 ANSI C 的基础上增加了一些库函数，进一步扩充和完善了 C 语言，是一种面向对象的程序设计语言。C++目前流行的最新版本是 Microsoft Visual C++ 6.0，C++提出了一些更为深入的概念，它所支持的面向对象概念很容易将问题空间直接映射到程序空间，为程序员提供了一种与传统结构程序设计不同的思维方式和编程方法，但同时也增加了整个语言的复杂性，掌握起来有一定难度。

C 语言是 C++语言的基础，两种语言在很多方面是兼容的。因此，掌握了 C 语言，就能以熟悉的语法来学习 C++语言，可以达到事半功倍的效果。

微课 1-2：C 语
言的特点

1.1.2　C 语言的特点

C 语言是一种极具生命力的语言，它具有很多特点，一般可归纳如下。

（1）C语言具有结构语言的特点，程序之间很容易实现段的共享。它采用结构化的流程控制语句实现选择结构、循环结构，允许采用缩进的书写形式编程。因此，用C语言编写的程序结构清晰。

（2）C语言的主要成分是函数。函数作为C程序的模块单位，便于实现程序的模块化，也便于模块间相互调用及数据传递。

（3）运算符丰富。C语言有45种运算符和15个运算优先级，其表达式类型多样，可以实现其他语言难以实现的运算。

（4）数据类型丰富。C语言的数据类型有整型、实型、字符型、数组类型、指针类型、结构体类型、共用体类型及枚举类型等，能用来实现各种复杂的数据结构运算。

（5）比较接近硬件。C语言允许直接访问物理地址，能进行位操作，能实现汇编语言的大部分功能，可以直接对硬件进行操作。

（6）语法限制少，程序设计自由度大。C语言允许程序编写者有较大的自由度，放宽了以往高级语言严格的语法检查规则，较好地处理了"限制"与"灵活"之间的矛盾。

（7）生成目标代码质量高，程序执行效率高。C语言生成的目标代码只比汇编程序生成的目标代码执行效率低10%～20%。

（8）可移植性好。用C语言编写的程序基本上不做修改就能用于各种型号的计算机和操作系统。

以上为C语言最容易理解的一般特点，对于C语言的其他特点，本书将在以后的章节陆续介绍。

1.2　简单的C语言程序

C语言是人类共有的财富，是普通人只要努力学习就可以掌握的。

1.2.1　第一个C语言程序

首先通过C语言程序的简单实例来说明C语言源程序的结构特点和书写方式。

【例1.1】输出某位同学的学号、姓名、性别、联系方式。

代码清单1.1：

微课1-3：C语言程序的基本构成

```
main()
{
    printf("学号:35013101\n");
    printf("姓名:王 迪\n");
    printf("性别:女\n");
    printf("联系方式:138****5511\n");
}
```

素养拓展1-1：输出社会主义核心价值观

程序运行后，结果如图 1.2 所示。

图 1.2　程序运行结果

说明：

（1）每一个 C 语言源程序都必须有且只能有一个主函数（main 函数）。

（2）一个函数由函数的首部和函数体两部分组成。

（3）函数体由花括号"{}"标识。

（4）printf 函数的功能是将要输出的内容送到显示器上显示。

（5）双引号内的字符串按原样输出，但"\n"除外，其是转义字符，代表换行。

下面再来看一个相对复杂的 C 语言程序。

【例 1.2】已知两个整数，求它们的和并输出。

代码清单 1.2：

```
#include "stdio.h"          //include 为文件包含命令
main()                      //主函数
{
  int x,y,sum;              //定义 3 个变量
  x=2;y=3;                  //变量赋值
  sum=x+y;                  //计算和
  printf("sum=%d\n",sum);   //输出结果
}
```

程序运行后，结果为 sum=5。

说明：

（1）#include 称为文件包含命令，扩展名为.h 的文件称为头文件，利用角括号<>或者双引号""标识，表示将该文件包含到程序中来，成为程序的一部分。

（2）//标识注释部分，也可以写成/*……*/，区别是//只能标识一行注释，/*……*/可标识多行注释，注释只起说明作用，不进行编译，当然也不被执行。注释可以放在程序的任何位置，内容也可以是任意字符。

（3）每一条语句都必须以分号结尾，但预处理命令、函数头和右花括号"}"之后不能加分号。

（4）一行内可以书写一条或多条语句，例如"x=2;y=3;"。

1.2.2　C 语言源程序的基本结构

概括地说，一个 C 语言源程序可由 5 个部分组成：预处理（文件包含属于预处理内容）、

变量说明、函数原型声明、主函数和自定义函数。

注意：

（1）并非所有 C 语言源程序都必须包含上述 5 个部分，一个最简单的 C 语言程序可以只有预处理部分和主函数部分。

（2）每个 C 语言源程序都必须有且只能有一个主函数。主函数的形式如下。

```
main()
{
  变量说明部分
  程序语句部分
}
```

（3）每个 C 语言源程序可以有零个或多个自定义的非主函数，自定义非主函数的形式与主函数形式相同，只是它的名称不能是 main。其形式如下。

```
函数名([参数列表])
{
  变量说明部分
  程序语句部分
}
```

（4）C 语言源程序的每条语句必须用分号 ";" 结束。对于其中各部分的作用、使用方法和采用什么语句来完成，读者可以在后续章节中通过对基本表达式、结构控制语句的学习进一步掌握，并通过了解模块化设计等方面的内容，来掌握 C 语言程序设计的思想。

（5）当 C 语言源程序由多个函数组成时，主函数可以定义在程序中的任何位置，但不能在其他函数体内定义。无论主函数处于源程序的任何位置，程序总是从主函数开始执行，且总是在主函数中结束执行。

1.3　C 语言程序的开发过程

用 C 语言编写的程序称为源程序，它是不能直接运行的。一般 C 程序开发要经历编辑、编译、链接和运行 4 个基本步骤，其操作过程如图 1.3 所示。

图 1.3　C 程序的编辑、编译、链接和运行过程

1. 编辑

一般来说，编辑是指对 C 语言源程序的录入和修改。要使用字处理软件或编辑工具（如 Visual C++）将源程序以文本文件形式保存到磁盘中，建议采用 Visual C++ 6.0，以便编辑和程序结构布局。源程序文件名由用户自己选定，但扩展名必须为.c。

2. 编译

编译就像对某语种内容的翻译一样，其功能就是调用"编译程序"，将已编辑好的源程序翻译成二进制形式的目标代码。如果源程序没有语法错误，将产生一个与源程序同名，以.obj 为扩展名的目标程序；如果有错误，则不能生成目标程序，需要回到编辑状态修改源程序，直到没有错误为止。

3. 链接

编译后生成的目标程序往往有多个模块，还要和库函数进行链接才能运行，链接过程是使用系统提供的"链接程序"实现的。链接后，会生成以.exe 为扩展名的可执行程序。

4. 运行

可执行程序生成后，就可以在操作系统的支持下运行。若执行结果与预期相符，则开发工作到此完成；否则要进一步检查、修改源程序，重复上述步骤，直到取得正确结果为止。

1.4 Visual C++ 6.0 开发环境

C 语言的开发环境有 Turbo C 环境与 Visual C++ 6.0 环境等，本书以 Visual C++ 6.0 为操作平台，介绍 C 语言的应用。本节简单介绍在 Visual C++ 6.0（以下简称 VC++ 6.0）开发环境中，如何建立 C 语言项目，以及如何编辑、编译、链接和运行 C 语言程序。

微课 1-4：VC++ 6.0 开发环境

1. 启动 VC++ 6.0

选择"开始"→"程序"→"Microsoft Visual C++ 6.0"，或者双击桌面上的快捷方式 🐾，启动 VC++ 6.0。VC++ 6.0 主界面如图 1.4 所示。

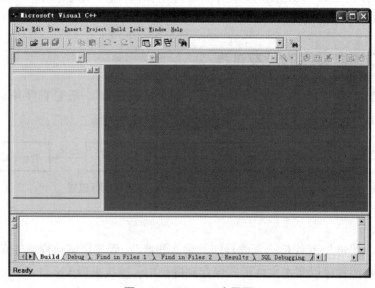

图 1.4　VC++ 6.0 主界面

2. 新建项目

选择 "File" → "New" 命令，如图 1.5 所示。在出现的对话框中选择 "Projects" 选项卡中的 "Win32 Console Application" 选项，在右侧 "Project name" 下面的文本框中输入项目名称，设置保存位置，如图 1.6 所示；单击 "OK" 按钮，弹出新对话框，保持默认选项，单击 "Finish" 按钮，项目即新建成功。

图 1.5　新建项目菜单

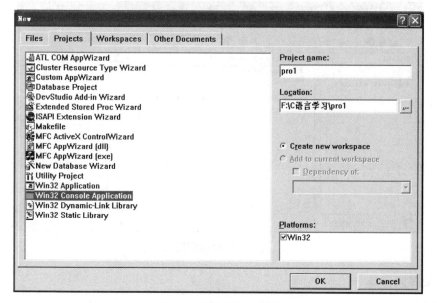

图 1.6　新建项目对话框

3. 新建文件

选择 "File" → "New" 命令，打开 "New" 对话框，切换到 "Files" 选项卡，选择 "C++ Source File" 选项，如图 1.7 所示。在 "File" 下面的文本框中输入文件名 test.c，注意扩展名必须是 ".c"，否则是 C++ 程序。单击 "OK" 按钮，弹出如图 1.8 所示的窗口。

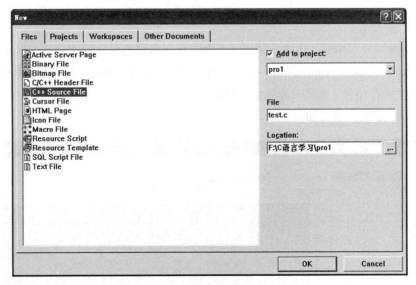

图 1.7 新建文件

4. 编辑源程序

按照 C 语言程序设计要求，在编辑窗口中输入 C 语言源程序，如图 1.8 所示。编写代码时，要适时单击工具栏上的保存按钮 ![保存] 保存文件，以防止突然关机而导致代码丢失。

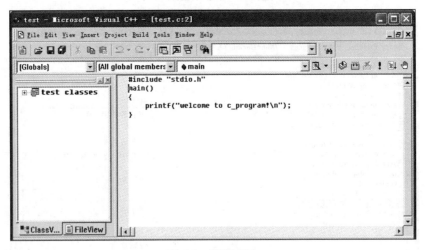

图 1.8 编辑窗口

5. 编译源程序

选择 "Build" → "Compile test.c" 命令，或单击工具栏上的编译按钮 ![编译] 进行编译。如果程序未保存，系统会在编译前自动打开对话框，提示用户保存程序。在编译过程中如果出现错误，将在下方窗格中列出所有错误和警告。双击某个错误或警告即可显示错误或警告的当前行，光标定位在有错误的代码行上；修改错误后重新编译，若仍有错误，反复修改直至无错误为止。没有任何错误时，显示错误和警告数都为 0，如图 1.9 所示。

图 1.9　编译源程序

6. 链接目标程序

编译没有错误之后，选择"Build"→"Build test.exe"命令，如图 1.10 所示，或单击链接按钮，构建.exe 文件。与编译时一样，如果系统在链接过程中发现错误，将在下方的窗格中列出所有错误与警告，需要修改错误重新编译和链接，直到编译和链接都没有错误为止。

图 1.10　链接目标程序

7. 运行可执行程序

选择"Build"→"Execute test.exe"命令（见图 1.11），或单击运行按钮。显示的运行结果如图 1.12 所示，按任意键即可返回编辑窗口。

图 1.11　运行可执行程序

图 1.12　运行结果

如果退出 VC++ 6.0 后需要重新打开以前建立的文件 test.c，可先打开 VC++ 6.0 进入主界面选择"File"→"Open"命令，再选择"test.c"。

1.5　常见编译错误与解决办法

在程序设计过程中常见的错误、警告及解决办法举例如下。

1. 没有加入头文件 stdio.h

代码清单 1.3：

```
main()
{
    printf("welcome to c_program!\n");
}
```

警告显示：

```
warning C4013: 'printf' undefined; assuming extern returning int
```

解决办法：在主函数的上面加上代码#include "stdio.h"。

2. 主函数第一个字母为大写

代码清单 1.4：

```
#include "stdio.h"
Main()
{
    printf("welcome to c_program!\n");
}
```

错误显示：

```
error LNK2001: unresolved external symbol _main
```

解决办法：将 Main 修改为 main。

3. 语句结束处忘记加分号 ";"

代码清单 1.5：

```
#include "stdio.h"
main()
{
    printf("welcome to c_program!\n")
}
```

错误显示：

```
error C2143: syntax error : missing ';' before '}'
```

解决办法：在语句 printf("welcome to c_program!\n")后面加分号 ";"。

4. 将英文状态下的双引号""写成中文状态下的双引号""

代码清单 1.6：

```
#include "stdio.h"
main()
{
    printf( "welcome to c_program!\n" );
}
```

错误显示：

```
error C2018: unknown character '0xa1'
error C2018: unknown character '0xb0'
```

解决办法：将中文状态下的双引号 ""修改为英文状态下的双引号""。

实例分析与实现

1. 实例分析

ATM 界面全部由符号和文字构成，在 C 语言中，printf 函数的功能就是在屏幕上输出数据，所以可以利用该函数实现每一行数据的输出。其中第一行输出汉字"中国人民银行"，第二行输出多个-，第三行输出-、>、<和"余额""取款"，第四行输出多个空格，第五行输出-、>、<、*和"转账""注意安全""存款"，第六行输出多个空格，第七行输出-、>、<和"清单""退卡"，第八行输出多个-。具体算法如下。

  ① 加入头文件，因为导入头文件 stdio.h 后，才可以使用 printf 函数。

  ② 编写主函数，利用 printf 函数输出银行名称。

  ③ 利用 printf 函数输出多个短横线。

  ④ 利用 printf 函数输出"余额"文本、"取款"文本和各类符号。

  ⑤ 利用 printf 函数输出多个空格。

  ⑥ 利用 printf 函数输出"转账"文本、"注意安全"文本、"存款"文本和各类符号。

  ⑦ 利用 printf 函数输出多个空格。

  ⑧ 利用 printf 函数输出"清单"文本、"退卡"文本和各类符号。

  ⑨ 利用 printf 函数输出多个短横线。

2. 项目代码

代码清单 1.7：

```c
#include "stdio.h"
main()
{
    printf("            中国人民银行            \n");
    printf("--------------------------------\n");
    printf("->余额               取款<-\n");
    printf("                        \n");
    printf("->转账      *注意安全*      存款<-\n");
    printf("                        \n");
    printf("->清单               退卡<-\n");
    printf("--------------------------------\n");
}
```

进阶案例——两个数据的算术运算

1. 案例介绍

任意输入两个整数，分别求出两数之和、两数之差、两数相乘、两数相除的结果，并输出相应值。例如输入 6 和 3，输出 "9,3,18,2"，运行结果如图 1.13 所示。

图 1.13　案例运行结果

2. 案例分析

首先定义 6 个变量，其中两个分别用于存储输入的两个整数，剩余 4 个分别用于存储和、差、积和商，然后利用 printf 函数输出"请输入两个整数:"，利用 scanf 函数实现两个整数的输入，再利用数学公式分别计算两数之和、两数之差、两数相乘、两数相除的结果，最后利用 printf 函数输出结果。具体算法如下。

① 定义 6 个整型变量。

② 利用 printf 函数输出"请输入两个整数:"。

③ 利用 scanf 函数输入两个整数。

④ 利用数学公式计算和、差、积和商，其中*代表乘号，/代表除号。

⑤ 利用 printf 函数输出相应结果。

3. 项目代码

代码清单 1.8:

```
#include "stdio.h"
main()
{
    int a,b,sum,dif,pro,div;
    printf("请输入两个整数:");
    scanf("%d%d",&a,&b);        //输入两个整数
    sum=a+b;      //求和
    dif=a-b;      //求差
    pro=a*b;      //求积
    div=a/b;      //求商
    printf("%d,%d,%d,%d\n",sum,dif,pro,div);
}
```

本章小结

本章首先描述了 ATM 主界面设计实例；然后介绍了 C 语言的发展史及特点、C 语言源程序的基本结构、C 语言程序的开发过程，以及 VC++ 6.0 开发环境的使用，同时介绍了常见的编译错误与解决办法；最后进行了实例的分析与实现，并通过了结果验证，以及两个数据的算术运算进阶案例的分析与实现。其中 C 语言源程序的基本结构、C 语言程序的开发过程是重点内容，VC++ 6.0 开发环境的使用及程序调试是难点内容。

通过对本章的学习，读者应该能够了解 C 语言的发展史及特点；熟练掌握 C 语言源程序的基本结构；熟练掌握 C 语言程序的开发过程；掌握 VC++ 6.0 开发环境的使用；调试编译过程中遇到的编译错误，并运用本章知识解决实际应用问题。

同步训练

一、选择题

1. C 语言源程序的基本单位是（　　）。

　　A. 过程　　　　　　　B. 函数　　　　　C. 子程序　　　　　D. 标识符

2. 在 C 语言源程序中，main 函数的位置（　　）。

　　A. 必须作为第一个函数　　　　　B. 必须作为最后一个函数

　　C. 可以任意，但不能在其他函数体内　　D. 必须放在它所调用的函数之后

3. C 编译程序是（　　）。

　　A. C 程序的机器语言版本　　　　B. 一组机器语言指令

　　C. 将 C 源程序编译成目标程序的程序　　D. 由制造厂商提供的应用软件

4. 以下叙述中正确的是（　　）。

　　A. C 语言比其他语言高级

　　B. C 语言以接近英语的自然语言和数学语言作为语言的表达形式

　　C. C 语言不用编译就能被计算机识别和执行

　　D. C 语言出现得最晚，具有其他语言的一切优点

5. 以下叙述中正确的是（　　）。

　　A. C 程序中的注释部分可以出现在程序中任意合适的地方

　　B. C 程序的书写格式是固定的，每行只能写一条语句

　　C. 构成 C 程序的基本单位是函数，所有函数名都可以由用户定义

　　D. 在对 C 语言程序进行编译时，可以发现注释行中的拼写错误

6. 下列 4 个程序中，完全正确的是（　　）。

```
A. #include "stdio.h"              B. #include "stdio.h"
   main();                            main()
   { /*programming*/                  { /*programming*/
   printf("programming!\n");}         printf("programming!\n");}

C. #include "stdio.h"              D. include "stdio.h"
   main();                            main()
   { /*programming*/*/                { /*programming*/
   printf("programming!\n");}         printf("programming!\n");}
```

二、填空题

1. C 源程序是由_____构成的，一个 C 源程序必须有一个_____。

2. C 源程序的扩展名是_____，目标程序的扩展名是_____，可执行程序的扩展名是_____。

3. C 程序的开发过程包括_____、_____、_____和_____4 个步骤。

4. 一个函数由两部分组成，包括_____和_____。

5. 每个 C 语言源程序的语句必须用_____结束。

6. 当 C 语言源程序由多个函数组成时，程序总是从_____开始执行，且总是在_____中结束执行。

三、综合题

1. 根据自己的认识，写出 C 语言的主要特点。

2. 编程实现，输出以下信息。

```
************************
    Very   Good!
************************
```

3. 编程实现，已知正方形的边长，求它的周长和面积。

技能训练

操作视频：
C 语言开发环境
及程序基本结构

通过扫描二维码观看示范操作视频，进一步巩固 C 语言程序的基本结构、C 语言程序的开发过程、VC++ 6.0 开发环境的使用及程序调试等相关知识，从而提高学习者程序设计的水平，达到学以致用的目的。

第 2 章　C 语言数据与运算

学习目标

- 掌握 C 语言的数据类型。
- 掌握 C 语言中的常量及其类型。
- 掌握 C 语言中的变量及其类型。
- 掌握 C 语言中的运算符和表达式。

实例描述——计算学生的综合积分

高校主要依据学生的综合积分排名进行学生奖学金评定，综合积分由文化积分和德育积分构成，文化积分是所有课程成绩总和除以课程门数，德育积分是参加各类活动所得的积分，计算公式为综合积分=文化积分×70%+德育积分×30%。已知某位同学各门课程成绩和德育积分，请编程实现计算这位同学的综合积分。实例运行结果如图 2.1 所示。

图 2.1　实例运行结果

知识储备

通过对第 1 章的学习，相信大家对 C 语言已经有了初步的认识。接下来，本章将针对 C 语言开发过程中必须掌握的数据类型、常量、变量、运算符与表达式等基础知识进行讲解。

微课 2-1：数据
类型

2.1　数据类型

数据类型是指数据在内存中的表现形式，不同的数据类型在内存中的存储方式是不同的，在内存中所占的字节数也是不同的。在 C 语言中，数据类型可分为基本类型、构造类型、指针类型、空类型四大类，如图 2.2 所示。

图 2.2　C 语言数据类型

1. 基本类型

基本类型最主要的特点是其值不可以再分解为其他类型。也就是说，基本类型是自我说明的。

2. 构造类型

构造类型是根据已定义的一个或多个数据类型用构造的方法来定义的。也就是说，一个构造类型的值可以分解成若干个"成员"或"元素"，每个"成员"或"元素"又属于基本类型或构造类型。在 C 语言中，构造类型有数组类型、结构体类型、共用体（联合）类型和枚举类型 4 种。

3. 指针类型

指针类型是一种特殊的、具有重要作用的数据类型，其值用来表示某个变量在内存中的地址。虽然指针变量的取值类似于整型量，但这是两个类型完全不同的量，因此不能混为一谈。

4. 空类型

调用函数时，通常应向调用者返回一个函数值，这个返回的函数值是具有一定的数据类型的。有一类函数，调用后并不需要向调用者返回函数值，这种函数可以定义为"空类型"，其类型说明符为 void。

本章先介绍基本类型中的整型、实型和字符型，其他几种类型在后面的章节中会介绍。

2.2　常量与变量

对于基本类型数据，按其取值是否可改变又分为常量和变量两种。在程序执行过程中，值不可发生改变的量称为常量，值可变的量称为变量。它们可与数据类型结合起来分类，例如，可分为整型常量、整型变量、实型常量、实型变量、字符常量及字符变量等。在程序中，常量是可以不经说明而直接使用的，而变量则必须先定义后使用。

2.2.1 常量与符号常量

微课 2-2：常量
与符号常量

1. 标识符和关键字

（1）标识符是对变量名、函数名、标号和其他各种用户定义的对象的命名。

命名规则：标识符由字母、数字或者下画线组成，且第一个字符必须是字母或下画线。

注意：

■ 标识符区分大小写。

■ 标识符的有效长度取决于具体的 C 语言编译系统。

■ 标识符的书写一般采用具有一定实际含义的单词，这样可提高程序的可读性。

■ 标识符不能与 C 语言的关键字相同，也不能与自定义函数或 C 语言库函数相同。

（2）关键字是具有固定名字和特定含义的特殊标识符，也称保留字，不允许程序设计者将它们另做他用。

C 语言中有以下 32 个关键字。

■ 数据类型定义关键字：typedef。

■ 数据类型关键字：char、double、enum、float、int、long、short、struct、union、unsigned、void、signed、volatile、auto、extern、register、static、const。

■ 运算符关键字：sizeof。

■ 语句关键字：break、case、continue、default、do、else、for、goto、if、return、switch、while。

2. 直接常量

直接常量包括整型常量、实型常量、字符常量。

（1）整型常量。

整型常量就是整常数，在 C 语言中有如下 3 种表示形式。

■ 十进制整数：每个数字位的合法取值范围是 0～9，最高位不能为 0，如 250、-12，是合法的；如 35D，含有非十进制数码，是不合法的。

■ 八进制整数：每个数字位的合法取值范围是 0～7，最高位为 0，如十进制数 128，用八进制表示为 0200，是合法的；如 256（无前缀 0）、02A6（包含非八进制数码 A）、-0256（出现了负号），是不合法的。

■ 十六进制整数：每个数字位可以是 0～9、A～F，以 0x 或 0X 开头，如十进制数 128，用十六进制表示为 0x80 或 0X80，是合法的；如 3A（无前缀 0x）、0x8H（包含非十六进制数码 H），是不合法的。

（2）实型常量。

实型也叫浮点型，实型常量也叫实数或浮点数。在 C 语言中，实数有如下两种表示形式。

■　十进制数形式：必须有小数点，如 0.123、.123、123.0、0.0 都是合法的。

■　指数形式：e 或 E 之前必须有数字，指数必须为整数，如 12.3e3、123E2、1.23e4 是合法的，而 e-5、1.2E-3.5 是不合法的。

（3）字符常量。

字符常量是用单引号标识的一个字符，如'a'、'b'、'='、'+'、'?'都是合法的。

在 C 语言中，字符常量有以下几个特点。

■　字符常量只能用单引号标识，不能用双引号或其他括号标识。

■　字符常量只能是单个字符，不能是字符串。

■　字符可以是字符集中的任意字符。如'5'、'F'、'#'，但'5'和 5 是不同的，'5'是字符常量，'5'是字符常量，而 5 是整型常量。

有一种特殊的字符叫转义字符，它是一种特殊的字符常量。转义字符以反斜线"\"开头，后跟一个或几个字符。转义字符具有特定的含义，不同于字符原有的含义，故称"转义"字符。例如，在前面各例题的 printf 函数的格式控制字符串中用到的"\n"就是一个转义字符，其含义是"换行"。常用的转义字符及其含义见表 2.1。

表 2.1　常用的转义字符及其含义

字符形式	含义
\n	换行
\t	横向跳格（即跳到下一个制表区）
\b	退格
\r	回车
\f	走纸换页
\\	反斜杠字符
\'	单撇号字符
\"	双撇号字符
\a	报警，相当于' \007 '
\ddd	1～3 位八进制数所代表的字符
\xhh	1～2 位十六进制数所代表的字符

【例 2.1】转义字符的使用。

代码清单 2.1：

```
#include "stdio.h"
main()
{
```

19

```
    printf("I love music!\n");
    printf("the music is \"D:\\music\\love.mp3\".\n");
}
```

运行结果：输出

```
I love music!
the music is "D:\music\love.mp3".
```

3. 符号常量

在 C 语言中，可以用标识符来表示常量，称为符号常量。从形式上看，符号常量是标识符，很像变量，但实际上它是常量，其值在程序运行时不能被改变。符号常量的标识符中的字母用大写字母，变量标识符中的字母用小写字母，以示区别。

符号常量采用宏定义，其一般形式如下。

```
#define 标识符 常量
```

【例 2.2】已知圆的半径为 1.5，求圆的面积。

代码清单 2.2：

```
#include "stdio.h"
#define PI 3.14                    //符号常量
main()
{
    float r,area;                  //定义变量
    r=1.5;                         //赋值
    area=PI*r*r;                   //计算面积
    printf("area=%f\n",area);      //输出结果
}
```

素养拓展 2-1：
圆周率的由来

运行结果：输出 "area=7.065"。

注意：

■ 宏定义必须以#define 开头，标识符和常量之间不加赋值运算符，行末不加分号。

■ 宏定义#define 应该放在函数外部，这样可以控制到程序结束。

微课 2-3：变量

2.2.2 变量

变量（书中涉及的变量均用代码体）在使用之前必须定义，变量在内存中占据一定的存储单元。例如定义一个变量 r，那么内存中就应该开辟一个空间，用于存储数据。变量存储结构如图 2.3 所示。

图 2.3 变量存储结构

1. 整型变量

（1）整型变量的分类。

■ 基本型：类型说明符为 int，在内存中占 4 字节。

■ 短整型：类型说明符为 short int 或者 short，在内存中占两字节。

■ 长整型：类型说明符为 long int 或者 long，在内存中占 4 字节。

■ 无符号型：类型说明符为 unsigned。

注意：无符号型也可以和上述 3 种类型搭配使用。

常见整型变量所分配的内存字节数及数的取值范围如表 2.2 所示。

表 2.2 常见整型变量

类型说明符	字节数	数的取值范围
int	4	$-2^{31} \sim (2^{31}-1)$
short	2	$-2^{15} \sim (2^{15}-1)$
long	4	$-2^{31} \sim (2^{31}-1)$
unsigned	4	$0 \sim (2^{32}-1)$
unsigned short	2	$0 \sim (2^{16}-1)$
unsigned long	4	$0 \sim (2^{32}-1)$

（2）整型变量的定义。

整型变量定义的一般形式为：

```
类型说明符 变量 1[=值 1],变量 2[=值 2],…;
```

说明：

■ 类型说明符可以是表 2.2 所列的任何一种,类型说明符与变量名之间至少要有一个空格。

■ 在一个类型说明符后可定义多个相同类型的变量，但变量间要用逗号分隔。

■ 最后一个变量名后必须添加分号。

■ [ ]内的值为可选项，即变量的初始化值。

例如：

```
int a,b;  //a、b 为整型变量
long x,y; //x、y 为长整型变量
```

【例 2.3】已知两个变量 x 和 y，求和。

代码清单 2.3：

```
#include "stdio.h"
main()
{
```

```
    int x,y,z;
    x=2;
    y=3;
    z=x+y;
    printf("x+y=%d\n",z);
}
```

运行结果：输出 "x+y=5"。

如果将变量定义代码修改为 "int x=2,y=3,z"，结果是一样的。

2. 实型变量

（1）实型变量的分类。

■　单精度：类型说明符为 float，在内存中占 4 字节。

■　双精度：类型说明符为 double，在内存中占 8 字节。

常见实型变量所分配的内存字节数及数的取值范围如表 2.3 所示。

表 2.3　常见实型变量

类型说明符	字节数	数的取值范围	有效数字
float	4	$1.17 \times 10^{-38} \sim 3.40 \times 10^{38}$	6～7 位
double	8	$2.22 \times 10^{-308} \sim 1.79 \times 10^{308}$	15～16 位

（2）实型变量的定义。

实型变量的定义格式和书写规则与整型变量的相同。

说明：

■　实型变量的存储空间由有限的存储单元组成，能提供的有效数字有限，这样就存在舍入误差。

■　一个单精度实型变量只能保证 7 位有效数字，后面的数字是无意义的，并不准确地表示该数。应当避免将一个很大的数和一个很小的数直接相加或相减，否则就会 "丢失" 小的数。

例如：

```
float a,b,c;     //a、b、c为单精度实型变量
double x,y,z;    //x、y、z为双精度实型变量
```

【例 2.4】 已知圆的半径，求圆的面积。

代码清单 2.4：

```
#include "stdio.h"
main()
{
    float r=1.5,pi,area;            //定义变量
    pi=3.14;                        //赋值
    area=pi*r*r;                    //计算面积
```

```
    printf("area=%f\n",area);        //输出结果
}
```

运行结果：输出 "area=7.065000"（小数点后面默认保留 6 位）。

【例 2.5】实型数据的舍入误差。

代码清单 2.5：

```
#include "stdio.h"
main()
{
  float x=4.56789e10,y;
  y=x+11;
  printf("%e\n",y);
}
```

运行结果：输出 "4.567890e+010"，没有实现 x 加 11 的运算。

3．字符变量

字符变量用来存放字符常量，且只能存放一个字符常量。一个字符变量在内存中占一字节。

字符变量的类型说明符是 char。字符变量的定义格式和书写规则都与整型变量的相同。

例如：

```
char a,b; //a、b 为字符变量
```

【例 2.6】向字符变量赋以整数。

代码清单 2.6：

```
#include "stdio.h"
main()
{
   int m;
   char c;
   m='A';          //字符赋值给整型变量
   c=66;           //整数赋值给字符变量
   printf("%c,%d\n",m,m);
   printf("%c,%d\n",c,c);
}
```

运行结果：输出

```
A, 65
B, 66
```

C 语言允许对整型变量赋以字符值，也允许对字符变量赋以整型值。在输出时，允许把字符变量按整型变量输出，也允许把整型变量按字符变量输出。

微课 2-4：数据
类型转换

2.3 数据类型转换

变量的数据类型是可以转换的，转换方式有两种，一种是自动类型转换，另一种是强制类型转换。

1. 自动类型转换

自动类型转换发生在不同数据类型的量混合运算时，由编译系统自动完成。自动类型转换遵循以下规则。

■ 若参与运算的量类型不同，则先转换成同一类型，然后进行运算。

■ 转换按数据长度增加的方向进行，以保证精度不降低。如 int 型和 long 型量运算时，会先把 int 型量转换成 long 型后再进行运算。

■ 所有浮点运算都是以双精度进行的，即使运算的表达式仅含单精度量，也要先将其转换成双精度型，再进行运算。

■ char 型和 short 型量参与运算时，必须先将其转换成 int 型。

■ 在赋值运算中，赋值运算符两边量的数据类型不同时，赋值运算符右边量的类型将转换为左边量的类型。如果右边量的数据长度比左边的长，将丢失一部分数据，丢失的部分按四舍五入原则向前舍入，这样会降低精度。

自动类型转换级别如图 2.4 所示。

图 2.4 自动类型转换级别

【例 2.7】假设已指定 i 为 int 型变量，f 为 float 型变量，d 为 double 型变量，e 为 long 型变量，C 语言表达式为 "10+'a'+i*f-d/e"，则表达式的运行次序如何？

代码清单 2.7：

```
#include "stdio.h"
main()
{
    int i=2;
    float f=1.5;
    double d=4.0;
    long e=2;
    printf("第一步：i*f=%lf,i 转化为 double 类型参与运算。\n",i*f);
    printf("第二步：d/e=%lf,e 转化为 double 类型参与运算。\n",d/e);
    printf("第三步：10+'a'=%d,'a'转化为 int 类型参与运算。\n",10+'a');
    printf("第四步：10+'a'+i*f=%lf,int 转化为 doube 类型参与运算。\n",10+'a'+i*f);
    printf("第五步：10+'a'+i*f-d/e=%lf,float 转化为 double 类型参与运算。\n",10+
```

```
'a'+i*f-d/e);
}
```

运行结果如图 2.5 所示。

图 2.5　运行结果

2. 强制类型转换

强制类型转换是通过类型转换运算来实现的。其一般形式为：

（类型说明符）（表达式）

其功能是把表达式的运算结果强制转换成类型说明符所表示的类型，示例如下。

(double)a：将变量 a 强制转换为 double 型。

(int)(x+y)：将 x+y 的值强制转换为 int 型。

(float)(5%3)：将 5%3 的值强制转换为 float 型。

(float)x/y：将 x 强制转换成 float 型后，再与 y 进行除法运算。

注意：

■　表达式应该用圆括号标识。

■　进行强制类型转换时，得到的是一个所需类型的中间变量，原来变量的类型并未发生改变。

【例 2.8】强制类型转换应用举例。

代码清单 2.8：

```
#include "stdio.h"
main()
{
    float f=9.8;
    printf("(int)f=%d,f=%f\n",(int)f,f);
}
```

运行结果：输出 "(int)f=9,f=9.8"。

本例表明，f 虽然强制转为 int 型，但只在运算中起作用，是临时的中间变量，f 本身的类型并未改变。因此，(int)f 的值为 9（截去了小数部分），而 f 的值仍为 9.8。

2.4　运算符与表达式

运算符是表示各种运算的符号。使用运算符将常量、变量、函数连接起来，构成表达式。C 语言运算符丰富，范围很宽，把除了控制语句和输入/输出以外的几乎所有基本操作都作为运算符处理。其具体分类如表 2.4 所示。

表 2.4　运算符分类

名称	运算符
算术运算符	+、-、*、/、%
关系运算符	>、>=、==、!=、<、<=
位运算符	>>、<<、~、&、|、^
逻辑运算符	!、||、&&
条件运算符	?:
指针运算符	&、*
赋值运算符	=
逗号运算符	,
字节运算符	sizeof
强制类型转换运算符	（类型说明符）（表达式）

　　在 C 语言的运算符中，所有单目运算符、条件运算符、赋值运算符的结合方向都是从右向左，其余运算符的结合方向是从左向右。各类运算符优先级的比较：单目运算符>算术运算符>关系运算符>逻辑运算符（不包括!）>条件运算符>赋值运算符>逗号运算符。

　　本节介绍算术运算符与算术表达式、赋值运算符与赋值表达式、逗号运算符与逗号表达式，其他相关内容会在后面章节中陆续介绍。

微课 2-5：算术运算符与算术表达式

2.4.1　算术运算符与算术表达式

　　算术运算符包括基本算术运算符和自增自减运算符，其中基本算术运算符经常简称为算术运算符。

1.　基本算术运算符

（1）加法运算符"+"，或称为正值运算符，如 2+9=11、+6。

（2）减法运算符"-"，或称为负值运算符，如 9-5=4、-5。

（3）乘法运算符"*"，如 4*8=32。

（4）除法运算符"/"，如 7/2=3，两个整数相除的结果为整数，舍去小数，只取商。

（5）求模运算符"%"，或称求余运算符，要求两侧均为整数，如 9%2=1。

上述运算符优先级别：*、/、% > +、-。如果遇到圆括号，优先计算圆括号中式子。

【例 2.9】基本算术运算符应用举例。

代码清单 2.9：

```
#include "stdio.h"
main()
{
    printf("%d,%d\n",3+2,3-2);
```

```
    printf("%d,%d,%f\n",3*2,3/2,3.0/2);
    printf("%d\n",3%2);
}
```

运行结果：输出

```
5,1
6,1,1.500000
1
```

本例中，3.0/2 的结果等于 1.500000。因为 3.0 为实型，所以结果一定为实型。

2. 自增自减运算符

（1）作用：自增运算使单个变量的值增 1，自减运算使单个变量的值减 1。

（2）用法与运算规则：自增、自减运算符都有如下两种用法。

■ 前置运算——运算符放在变量之前，如++a、--a。先使变量的值增（或减）1，然后以变化后的值参与其他运算，即先增减、后运算。

■ 后置运算——运算符放在变量之后，如 a++、a--。变量先参与其他运算，再使变量的值增（或减）1，即先运算、后增减。

【例 2.10】自增自减运算符应用举例。

代码清单 2.10：

```
#include "stdio.h"
main()
{
    int i=3,j;
    j=i++;                          //j 的值为 3，然后 i 为 4
    printf("i=%d,j=%d\n",i++,j);    //输出 i 为 4、j 为 3，然后 i 为 5
    j=++i;                          //j 的值为 6，i 也为 6
    printf("i=%d,j=%d\n",++i,j);    //输出 i 为 7、j 为 6，然后 i 为 7
    j=--i;                          //j 的值为 6，i 也为 6
    printf("i=%d,j=%d\n",i--,j);    //输出 i 为 6、j 为 6，然后 i 为 5
    j=i--;                          //j 的值为 5，然后 i 为 4
    printf("i=%d,j=%d\n",--i,j);    //输出 i 为 3、j 为 5，然后 i 为 3
}
```

运行结果：输出

```
i=4,j=3
i=7,j=6
i=6,j=6
i=3,j=5
```

注意：

■ ++和--只能用于变量，而不能用于常量或表达式。如"(i+j)++"或"5--"是不合法的。

■ ++和--的结合方向是"自右向左"。如 i=4，则"-i--"相当于"-(i--)"，结果为 -4，而 i 的值为 3。

■ 在较复杂的表达式中，运算符的组合原则是尽可能多地自左向右将若干个字符组成一个运算符。如"a+++b"等价于"(a++)+b"，而不是"a+(++b)"。

■ ++和--常用于循环语句中，使循环控制变量加或减 1；还用于指针变量中，使指针上移或下移一个位置。

3. 算术表达式

算术表达式是用算术运算符和圆括号将运算对象（也称操作数）连接起来的、符合 C 语法规则的式子，其中运算对象可以是常量、变量、函数等。

例如，"a*b/c-1.5+'a'"是一个合法的算术表达式。

（1）C 语言算术表达式的书写形式与数学公式的书写形式有一定的区别，具体如下所述。

■ C 语言算术表达式的乘号（*）不能省略。例如数学公式 b^2-4ac，其相应的 C 表达式应该写成 b*b-4*a*c。

■ C 语言表达式中只能出现字符集允许的字符。例如数学公式 πr^2，其相应的 C 表达式应该写成 PI*r*r（其中 PI 是已经定义的符号常量，#define PI 3.14）。

■ C 语言算术表达式不允许有分子、分母的形式。例如"(a+b)/(c+d)"不等价于"a+b/c+d"。

■ C 语言算术表达式只使用圆括号改变运算的顺序，不能用花括号和方括号。可以使用多层圆括号，此时左右圆括号必须配对，运算时从内层圆括号开始，由内向外依次计算表达式的值。

（2）C 语言规定了表达式求值过程中，各运算符的"优先级"和"结合性"，如下所述。

■ 在表达式求值时，先按运算符的"优先级"高低顺序执行，如表达式"a-b*c"等价于"a-(b*c)"。

■ 如果一个运算对象两侧的运算符优先级相同，则按规定的"结合方向"运算，如表达式"a-b+c"的结合方向为"自左向右"，所以等价于"(a-b)+c"。

■ 对于复杂表达式，为了清晰起见可以加圆括号强制规定计算顺序。

微课 2-6：赋值运算符与赋值表达式

2.4.2 赋值运算符与赋值表达式

1. 赋值运算符

符号"="表示赋值运算符，其作用是将其右边表达式的值赋给其左边的变量。

例如，语句"x=12;"的作用是执行一次赋值操作，将 12 赋给变量 x；语句"a=5+x;"的作用是将表达式"5+x"的值赋给变量 a。

注意：赋值运算符"="的左边只能是变量，而不能是常量或表达式，如不能写成"2=x;"

或"x+y=a+b;"。

2. 复合赋值运算符

在赋值运算符"="之前加上其他双目运算符，可构成复合赋值运算符，如+=、-=、*=、/=、%=、<<=、>>=、&=、^=及|=。

复合赋值表达式的一般形式为：

变量　复合赋值运算符　表达式

它等价于

变量=变量　运算符　表达式

例如，"a+=5"等价于"a=a+5"，"x*=y+7"等价于"x=x*(y+7)"，"r%=p"等价于"r=r%p"。复合赋值运算符的这种写法，对初学者来说可能不习惯，但十分有利于编译处理，它能提高编译效率，并产生质量较高的目标代码。

3. 赋值表达式

由赋值运算符组成的表达式称为赋值表达式。其一般形式为：

变量=表达式

例如：

"x=5"赋值表达式的值为 5，x 的值也为 5；

"x=7%2+(y=5)"赋值表达式的值为 6，x 的值也为 6，y 的值为 5；

"a=(b=6)"或"a=b=6"赋值表达式的值为 6，a、b 的值均为 6；

"a+=a*(a=5)"相当于"a=5+5*5"，赋值表达式的值为 30，a 的值最终也是 30。

赋值表达式的功能是计算表达式的值再将其赋予左边的变量。赋值运算符具有右结合性，因此"a=b=c=5"可理解为"a=(b=(c=5))"。

注意：

■　赋值表达式加上一个分号则可构成赋值语句，即"变量=表达式;"。

■　赋值语句不是赋值表达式，赋值表达式可以用在其他语句或表达式中，而赋值语句只能作为一条单独的语句使用。

■　C 语言规定，可以在定义变量的同时给变量赋值，也叫变量初始化，例如"int x=5"。

■　赋值运算时，当赋值运算符两边数据类型不同时，将由系统自动进行类型转换，转换原则是先将赋值运算符右边表达式的类型转换为左边变量的类型，然后赋值。

【例 2.11】赋值语句应用举例。

代码清单 2.11：

```
#include "stdio.h"
main()
{
  int a;
  a=34.567;
```

```
printf("a=%d\n",a);
}
```

微课 2-7：逗号
运算符与逗号
表达式

程序运行结果：输出"a=34"，系统自动将小数部分截去，转化为整型后输出。

2.4.3　逗号运算符与逗号表达式

C 语言提供的逗号运算符"，"，又称顺序求值运算符，由它连接起来的式子称为逗号表达式。其一般形式为：

表达式 1，表达式 2，…，表达式 n

说明：

■　逗号表达式的求解过程为先求解表达式 1，再求解表达式 2，以此类推，结合方向为自左向右。

■　表达式 n 的值就是整个逗号表达式的值。

■　逗号运算符的优先级是所有运算符中最低的。

【例 2.12】逗号表达式应用举例。

代码清单 2.12：

```
#include "stdio.h"
main()
{
    int a=1,b=2,c=3,x,y;
    y=(x=a+b,b+c,x+c);
    printf("x=%d,y=%d\n",x,y);
}
```

运行结果：输出"x=3,y=6"。

注：程序先求"x=a+b"，再求"b+c"，最后求"x+c"，故整个逗号表达式的值为 6。

2.5　常见编译错误与解决办法

本章程序设计过程中常见的错误、警告及解决办法举例如下。

1. 将默认为双精度的实型常量赋值给单精度变量

代码清单 2.13：

```
#include "stdio.h"
#define PI 3.14
main()
{
    float r,area;
    r=1.5;
    area=PI*r*r;
    printf("area=%f\n",area);
}
```

警告显示：

```
warning C4244: '=' : conversion from 'double ' to 'float '
```

解决办法：1.5 默认为双精度实型常量，程序不需要修改也可以执行。如果将 float 修改为 double，将%f 修改为%lf，就不会有警告了。

2. 实型数据参与了%（求余）运算

代码清单 2.14：

```c
#include "stdio.h"
main()
{
  printf("%d\n",3%2.0);
}
```

错误显示：

```
error C2297: '%' : illegal, right operand has type 'const double '
```

解决办法：只有整数才能参加%（求余）运算，所以应将 2.0 修改为 2。

3. 定义两个变量的时候，同时赋初值

代码清单 2.15：

```c
#include "stdio.h"
main()
{
    int x=y=2,z;
    z=x+y;
    printf("x+y=%d\n",z);
}
```

错误显示：

```
error C2065: 'y' : undeclared identifier
```

解决办法：为变量 x 和 y 单独定义、单独赋初值，将"int x=y=2,z;"修改为"int x=2,y=2,z;"。

4. 将带双引号的字符串赋值给了字符变量

代码清单 2.16：

```c
#include "stdio.h"
main()
{
    char ch;
    ch="A";
    printf("%c 的 ASCII 值为:%d\n",ch,ch);
}
```

警告显示：

```
warning C4047: '=' : 'char ' differs in levels of indirection from 'char [2]'
```

解决办法：将字符串"A"修改为字符'A'。

5. 两个变量进行乘法运算时，忘记书写乘号"*"

代码清单 2.17：

```
//已知长方形的长和宽，求面积
#include "stdio.h"
main()
{
    double l=2,w=3,s;
    s=lw;
    printf("s=%lf\n",s);
}
```

错误显示：

```
error C2065: 'lw' : undeclared identifier
```

解决办法：C 语言中乘号不能省略，应将"s=lw;"修改为"s=l*w;"。

实例分析与实现

1. 实例分析

先定义多个整型变量，分别存储 C 语言、数学、英语、图像处理和数据库成绩；再定义多个单精度实型变量，分别存储德育积分、文化积分和综合积分，因为这 3 个数据可能为小数；然后对变量进行赋值运算；最后利用公式输出相应结果。具体算法如下。

① 定义 5 个整型变量，用于存储 5 门课程成绩。

② 定义 3 个单精度实型变量，用于存储德育积分、文化积分和综合积分。

③ 对各门课程成绩变量和德育积分变量进行赋值。

④ 利用公式计算德育积分、文化积分和综合积分。

⑤ 输出德育积分、文化积分和综合积分的结果。

2. 项目代码

代码清单 2.18：

```
#include "stdio.h"
main()
{
    int c;          //C语言成绩
    int math;       //数学成绩
    int english;    //英语成绩
    int ps;         //图像处理成绩
    int dbase;      //数据库成绩
```

```
float aver;      //文化积分
float moral;     //德育积分
float total;     //综合积分
c=90;
math=88;
english=85;
ps=92;
dbase=95;
moral=91;
printf("C 语言成绩:%d,数学成绩:%d,英语成绩:%d\n,图像处理成绩:%d,数据库成绩:%d\n",c, math, english,ps,dbase);
aver=(c+math+english+ps+dbase)/5.0;
printf("文化积分:%f\n",aver);
printf("德育积分:%f\n",moral);
total=aver*0.7+moral*0.3;
printf("综合积分:%f\n",total);
}
```

进阶案例——计算银行存款利息

1. 案例介绍

客户选择银行定期存款，主要考虑存款利率，利率越高，利息就越多。假设银行3年存期的年利率为3.88%，那么根据公式"利息=存款额×利率×3"，可以计算存款到期后应该得到的利息。例如存款额为10000元，利息为1164元；存款额为22800元，利息就为2653.92元，如图2.6所示。

图2.6　案例运行结果

2. 案例分析

首先进行符号常量定义，利率固定值为3.88，如果利率发生变化，只需要修改宏定义中的利率，主函数中的代码不需要修改；再在主函数中定义3个变量，用于存储存款额、年限和利息；然后对存款额、年限进行赋值；最后利用计算公式求出利息，公式中乘0.01，是因为实际利率为3.88%。具体算法如下。

① 定义符号常量，用一个字符代替利率。

② 定义3个变量，用于存储存款额、年限和利息。

③ 对存款额、年限进行赋值。

④ 利用计算公式求出利息。

⑤ 输出存款额、年限和利息。

3. 项目代码

代码清单 2.19：

```
#include "stdio.h"
#define L 3.88          //利率
main()
{
    float dep;          //存款额
    int year;           //年限
    float inter;        //利息
    dep=10000;
    year=3;
    inter=dep*L*0.01*year;     //计算利息
    printf("存款额:%f,年限:%d,利息:%f\n",dep,year,inter);
    dep=22800;
    inter=dep*L*0.01*year;     //计算利息
    printf("存款额:%f,年限:%d,利息:%f\n",dep,year,inter);
}
```

本章小结

本章首先描述了计算学生的综合积分实例；然后介绍了 C 语言的数据类型、常量与变量、数据类型转换、算术运算符与算术表达式、赋值运算符与赋值表达式，以及逗号运算符与逗号表达，同时介绍了常见的编译错误与解决办法；最后进行了实例的分析与实现，并通过了结果验证，以及计算银行存款利息进阶案例的分析与实现。其中数据类型、常量与变量、算术运算符与算术表达式是重点内容，符号常量、数据类型转换、逗号运算符与逗号表达式是难点内容。

通过对本章的学习，读者应该能够熟练掌握常用的基本数据类型；熟练掌握常量和变量的类型及命名规则；掌握不同数据类型之间的转换；掌握算术运算符与算术表达式、赋值运算符与赋值表达式，以及逗号运算符与逗号表达式；调试编译过程中遇到的编译错误，并运用本章知识解决实际应用问题。

同步训练

一、选择题

1. （   ）是 C 语言提供的合法的数据类型关键字。

    A. Float   B. signed   C. integer   D. Char

2. 以下标识符不是关键字的是（　　　　）。

　　A. break　　　　　　　B. char　　　　　　　C. Switch　　　　　　D. return

3. 在以下各组标识符中，合法的标识符是（　　　　）。

　　A. B01　　　　　　　　B. table_1　　　　　　C. 0_t　　　　　　　D. k%

　　　Int　　　　　　　　　t*.1　　　　　　　　W10　　　　　　　　point

4. 若有以下定义：

```
char a;    int b;

float c;    double d;
```

则 C 语言表达式 "a*b+d-c" 值的类型是（　　　　）。

　　A. float　　　　　　　B. int　　　　　　　　C. char　　　　　　　D. double

5. 以下所列的 C 语言常量中，错误的是（　　　　）。

　　A. 0xFF　　　　　　　B. 1.2e0.5　　　　　　C. 2L　　　　　　　　D. '\72'

6. 假定 x 和 y 为 double 型变量，则 C 语言表达式 "x=2, y=x+3/2" 的值是（　　　　）。

　　A. 3.500000　　　　　B. 3　　　　　　　　　C. 2.000000　　　　　D. 3.000000

7. 若有以下定义和语句：

```
int  u=010, v=0x10, w=10;

printf("%d,%d,%d\n",u,v,w);
```

那么输出结果是（　　　　）。

　　A. 8,16,10　　　　　　B. 10,10,10　　　　　C. 8,8,10　　　　　　D. 8,10,10

8. 若有以下定义和语句：

```
int  y=10;

y+=y-=y-y;
```

则 y 的值是（　　　　）。

　　A. 10　　　　　　　　B. 20　　　　　　　　C. 30　　　　　　　　D. 40

9. 设 "float m=4.0,n=4.0;"，使 m 为 10.0 的 C 语言表达式是（　　　　）。

　　A. m+=n+2　　　　　B. m-=n*2.5　　　　　C. m*=n-6　　　　　　D. m/=n+9

10. 下面程序的运行结果是（　　　　）。

```
main ()

{ int x=3,y=3,z=1;

   printf("%d %d\n",(++x,y++),z+2);

}
```

　　A. 3 4　　　　　　　B. 4 2　　　　　　　C. 4 3　　　　　　　D. 3 3

11. 设变量 n 为 float 型、m 为 int 型，则以下能实现将 n 中的数值保留小数点后两位、第三位小数进行四舍五入运算的 C 语言表达式是（　　　）。

    A. n=(n*100+0.5)/100.0　　　　　　B. m=n*100+0.5,n=m/100.0

    C. n=n*100+0.5/100.0　　　　　　　D. n=(n/100+0.5)*100.0

二、填空题

1. 在 C 语言中，要求参加运算的数必须是整数的运算符是_____。

2. 与代数式 $\dfrac{x \times y}{u \times v}$ 等价的 C 语言表达式是_____。

3. C 语言的标识符只能由大小写字母、数字或者下画线 3 种字符组成，而且第一个字符必须为_____。

4. 字符常量使用一对_____标识单个字符，而字符串常量使用一对_____来标识若干个字符的序列。

5. 设 x、i、j、k 都是 int 型变量，C 语言表达式 x=(i=4,j=16,k=32)计算后，x 的值为_____。

6. 设 x=2.5、a=7、y=4.7，则 C 语言表达式"x+a%3*(int)(x+y)%2/4"的值为_____。

7. 设 a=2、b=3、x=3.5、y=2.5，则 C 语言表达式"(float)(a+b)/2+(int)x%(int)y"的值为_____。

8. 定义"int m=5,n=3;"，则 C 语言表达式"m/=n+4"的值是_____，C 语言表达式"m=(m=1,n=2,n-m)"的值是_____，C 语言表达式"m+=m-=(m=1)*(n=2)"的值是_____。

三、程序设计题

1. 编程实现，已知购买商品的价格（price）和数量（num），求应付款，其中 price 为 double 类型，num 为 int 类型。

2. 编程实现，已知"int x=10,y=12;"，写出将 x 和 y 的值互相交换的 C 语言表达式。

3. 编程实现，假设 m 是一个两位数，输出将 m 的个位、十位反序而成的两位数（例如：12 反序为 21）。

操作视频：C 语言数据类型及运算

技能训练

通过扫描二维码观看示范操作视频，进一步巩固 C 语言数据类型、常量与变量、数据类型转换、算术运算符与算术表达式等相关知识，从而提高学习者的程序设计水平，达到学以致用的目的。

第 ③ 章 算法与流程图

学习目标

- 掌握算法的基本概念及主要特征。
- 掌握利用流程图描述算法的方法。
- 掌握 C 语言程序设计的 3 种结构。

实例描述——坐标点的象限判断

由平面直角坐标系里的横轴和纵轴所划分的 4 个区域，为 4 个象限。象限以原点为中心，x 轴、y 轴为分界线，原点右上区域为第一象限，左上区域为第二象限，左下区域为第三象限，右下区域为第四象限，象限划分如图 3.1 所示。坐标轴上的点不属于任何象限。请画出判断一个坐标点属于哪个象限的算法流程图。

知识储备

前面的章节介绍了 C 语言的基本语法知识，仅仅依靠

图 3.1　象限划分

这些语法知识还不能编写出相对完整的程序。通常，一个程序包含算法、数据结构、程序设计方法、语言工具及环境等方面，其中算法是核心，算法解决的是"做什么"和"如何做"的问题。算法可以通过流程图的方式表示。本章将对算法的定义及特征、流程图、程序设计的 3 种结构等内容进行讲解。

3.1　算法的定义及特征

著名的瑞士计算机科学家尼克劳斯·沃思（Niklaus Wirth）教授曾提出：算法+数据结构=程序。对数据的描述，在程序中要指定数据的类型和数据的组织形式，即数据结构（Data Structure）。对操作的描述，即操作步骤，也就是算法（Algorithm）。本课程的目的是让学生掌握如何编写一个 C 程序，进行程序编写的初步训练，因此，这里只介绍算法

微课 3-1：算法
的定义

的基础知识。

3.1.1 算法的定义

现实生活中解决问题时，一般都要制定一个针对具体问题的步骤和方法，以此为据去实现目标。为解决问题所制定的步骤、方法可称为算法。

【例 3.1】描述计算下面的分段函数的算法。

$$y = \begin{cases} 2x-1, & x > 0 \\ 0, & x = 0 \\ 3x+1, & x < 0 \end{cases}$$

算法描述如下。

① 输入 x 的值。

② 判断 x 是否大于 0，若大于 0，则 y =2x-1，然后转第⑤步；否则进行第③步。

③ 判断 x 是否等于 0，若等于 0，则 y =0，然后转第⑤步；否则进行第④步。

④ y 等于 3*x+1（因为第②步、第③步条件不成立，则第④步条件肯定成立）。

⑤ 输出 y 的值后结束。

【例 3.2】描述从 A、B、C 3 个数中找出最大的数的算法。

算法描述如下。

① 初始化 max=A。

② 如果 max>B，执行第③步；否则 max=B，执行第③步。

③ 如果 max>C，执行第④步；否则 max=C，执行第④步。

④ 输出 max。

注意：现实生活中有些算法能在计算机上实现，有些算法则无法在计算机上实现，本书所提到的算法都是指能在计算机中实现的算法。

3.1.2 算法的特征

算法具有如下一些基本特征。

（1）有穷性。算法中所包含的步骤必须是有限的，不能无穷无止，且应该在一个人所能接受的合理时间段内产生结果。

（2）确定性。算法中的每一步所要实现的目标必须是明确无误的，不能有二义性。

（3）有效性。算法中的每一步如果被执行了，就必须被有效地执行。例如，有一步是计算 X 除以 Y 的结果，如果 Y 值非 0，则这一步可有效执行；但如果 Y 值为 0，则这一步就无法得到有效执行。

（4）有零或多个输入。根据算法的不同，有的算法在实现过程中需要输入一些原始数据，而有些算法可能不需要输入原始数据。

（5）有一个或多个输出。设计算法的最终目的是解决问题，因此，每个算法至少应有一个输出结果来反映问题的最终结果。

3.2　流程图

掌握了算法的定义及特征之后，为了进行 C 语言的程序设计，还应掌握如何表示算法。用流程图表示算法，直观形象，易于理解。本书仅介绍流程图表示法。

1. 流程图常用的图框符号

流程图常用的图框符号如图 3.2 所示。

(a) 起止框　　(b) 输入/输出框　　(c) 处理框

(d) 判断框　　(e) 流程线　　(f) 连接符

图 3.2　流程图常用的图框符号

2. 流程图表示法

相对于自然语言来说，流程图更直观形象、易于理解。一个流程图包括以下几部分。

（1）表示相应操作的框。

（2）带箭头的流程线。

（3）框内外必要的文字说明。

将【例 3.1】的算法用流程图进行表示的结果如图 3.3 所示。

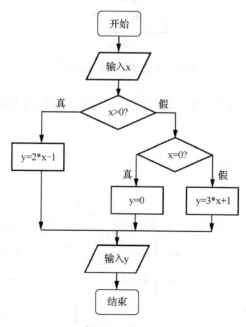

图 3.3　【例 3.1】算法的流程图

3.3 程序设计结构

1. 顺序结构

顺序结构流程图如图 3.4 所示。

微课 3-2：顺序
结构流程图

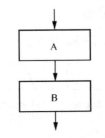

图 3.4　顺序结构流程图

执行过程：先执行 A，再执行 B。

【例 3.3】求 x 的绝对值，请画出该算法的流程图。

流程图如图 3.5 所示。

图 3.5　【例 3.3】算法流程图

注意：有的算法流程图需要输入和输出，有的算法流程图不需要输入。

2. 选择结构

选择结构流程图如图 3.6 所示。

微课 3-3：选择
结构流程图

图 3.6　选择结构流程图

执行过程：先判断条件，如果条件成立，执行 A，否则执行 B。

3. 循环结构

循环结构流程图如图 3.7 所示。

微课 3-4：循环
结构流程图

图 3.7　循环结构流程图

执行过程：先判断条件，如果条件成立，执行 A，再循环判断条件，否则跳出循环。

【例 3.4】某学生在操场上跑步，一共要跑 4 圈，每一圈都要跨过障碍，请画出该算法的流程图。

流程图如图 3.8 所示。

图 3.8　【例 3.4】算法流程图

实例分析与实现

1. 实例分析

首先画出起止框表示算法开始，按照流程线顺序画出输入框表示输入坐标点的横坐标和纵坐标。然后画出判断框表示判断横坐标大小，如果横坐标大于 0，再画出判断框表示判断纵坐标大小，如果纵坐标也大于 0，画出输出框表示该坐标点属于第一象限；如果纵坐标小于 0，画出输出框表示该坐标点属于第四象限。如果横坐标小于 0，画出判断框表示判断纵坐标大小，如果纵坐标大于 0，画出输出框表示该坐标点属于第二象限；如果纵坐标也小于 0，那么画出输出框表示该坐标点属于第三象限。最后画出起止框表示算法结束。

2. 实例流程图

实例流程图如图 3.9 所示。

图 3.9　实例流程图

进阶案例——坚持多天多圈跑步

1. 案例介绍

某位同学热爱运动，每天坚持跑步，假设每周坚持跑 7 天，每天跑 5 圈，请利用 C 语言中的流程图图框符号，画出这位同学这一周跑步过程的流程图。

2. 案例分析

首先画出起止框表示算法开始，然后按照流程线顺序画出判断框表示判断天数是否小于或等于 7。如果天数小于或等于 7，再画出判断框表示判断圈数是否小于或等于 5，如果小于或等于 5，画出处理框表示跑步，跑步后循环判断圈数是否小于或等于 5，如果小于或等于 5，继续跑步；如果大于 5，循环停止。再循环判断天数是否小于或等于 7，如果天数小于或等于 7，再判断圈数是否小于或等于 5，如果小于或等于 5，继续内循环跑步，只有天数大于 7，才停止外循环。最后画出起止框表示算法结束。

3. 案例流程图

案例流程图如图 3.10 所示。

图 3.10　案例流程图

本章小结

　　本章首先描述了坐标点的象限判断实例；然后介绍了算法的定义及特征、流程图常用的图框符号，同时介绍了顺序结构流程图、选择结构流程图、循环结构流程图；最后进行了实例的分析与流程图绘制，以及坚持多天多圈跑步进阶案例的分析与流程图绘制。其中算法的定义及特征、3 种程序设计结构流程图的绘制是重点内容，循环结构流程图的绘制是难点内容。

　　通过对本章的学习，读者应该能够熟练掌握算法的定义及特征；熟练掌握流程图常用的图框符号和 3 种程序设计结构流程图的绘制，并运用本章知识解决实际应用问题。

同步训练

一、选择题

1. 以下不属于算法基本特征的是（　　　）。
   A. 有穷性　　　　　　　　　　　　　B. 有效性
   C. 可靠性　　　　　　　　　　　　　D. 有一个或多个输出
2. 程序设计包括（　　　）3 种结构。
   A. 顺序结构、逻辑结构、选择结构　　　B. 顺序结构、选择结构、循环结构
   C. 逻辑结构、层次结构、网状结构　　　D. 层次结构、顺序结构、循环结构

二、填空题

1. 在程序设计中，将解决问题确定的方法和有限的步骤称为_____。

2. 算法的_____特征是指一个算法必须在执行有限个操作步骤后终止。

3. 在流程图的图框符号中，判断框中应该填写的是_____。

三、综合题

1. 简述一个算法应该具有的基本特征。

2. 用流程图表示判断闰年的算法。

3. 用流程图表示将 1 到 100 之间能被 3 或 5 整除的数输出的算法。

4. 用流程图表示求一元二次方程 $ax^2+bx+c=0$ 的根的算法。

第 4 章　顺序结构程序设计

学习目标

- 掌握 C 语言中具体算法设计和语句编写的方法。
- 掌握格式化输入函数 scanf 与输出函数 printf 的用法。
- 掌握字符输入函数 getchar 与输出函数 putchar 的用法。
- 掌握顺序结构程序设计中常见的编译错误与解决办法。

实例描述——各类数据输出格式控制

在 C 语言程序中，不同类型的变量有不同的取值范围，在输出时会显示不同的有效位数。本实例要求变量初始化格式为 "a=3,b=4,c=5,x=9.6,y=6.0,z=-14.6, c1='A',c2='B'"。请编写程序（包括定义变量和设计输出），实现如图 4.1 所示的输出。

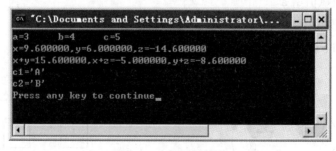

图 4.1　实例运行结果

知识储备

前面章节讲解的程序是从上到下逐条执行的，这种程序结构称为顺序结构。C 语言的语句是用来向计算机系统发出操作指令的。当要求程序按照要求执行时，先要通过向程序输入数据的方式给程序发送指令。当程序解决了一个问题之后，还要通过输出的方式将计算结果显示出来，以便验证结果。前面章节中的程序在输出结果时，使用最多的就是 printf 函数。本章将针对常用的输入/输出函数进行详细的讲解。

微课 4-1：简单
语句分析

4.1 简单语句分析

这里将介绍具体的算法设计实例，并且通过英文的表示方法，将它转化为 C 语言语句。

1. 具体算法设计实例介绍

假设有一杯白酒和一杯啤酒，如何将两杯酒进行交换？首先进行具体的算法设计，具体操作过程如图 4.2 所示。

算法设计如下。

① 取一个空杯。

② 将白酒杯中的白酒倒入空杯。

③ 将啤酒杯中的啤酒倒入白酒杯。

④ 将空杯中的白酒倒入啤酒杯。

2. C 语句编写方法

假设变量 a 的值为 2、b 的值为 3，如何将 a 和 b 的值进行交换？根据上面的具体算法设计实例，可以将变量 a 等同于白酒杯、变量 b 等同于啤酒杯，具体操作过程如图 4.3 所示。

算法设计如下。

① 定义 3 个变量 a、b 和 t。

② 将 2 赋值给 a、3 赋值给 b。

③ 将 a 的值赋值给 t。

④ 将 b 的值赋值给 a。

⑤ 将 t 的值赋值给 b。

⑥ 输出 a 和 b 的值。

图 4.2 两杯酒交换操作示意

图 4.3 两个变量交换值操作示意

算法设计后，将算法的每一个步骤依次转化为 C 语句。

① int a,b,t;

② a=2;b=3;   //多条语句可以写在同一行

③ t=a;

④ a=b;

⑤ b=t;

⑥ printf("a=%d,b=%d\n",a,b);

代码清单 4.1：

```
#include "stdio.h"
main()
{
  int a,b,t;        //定义变量
  a=2; b=3;         //2 赋值给 a，3 赋值给 b
  t=a;              //a 赋值给 t
  a=b;              //b 赋值给 a
  b=t;              //t 赋值给 b
  printf("a=%d,b=%d\n",a,b);   //输出 a 和 b 的值
}
```

程序运行后，结果：输出 "a=3,b=2"。

4.2　格式化输入/输出

C 语言本身不提供输入、输出语句，输入/输出操作是由函数来实现的，例如 scanf 和 printf 函数。这些函数的相关信息都存在 stdio.h（标准输入/输出头文件）中，所以在使用前必须在程序的头部使用命令 "#include "stdio.h"" 或者 "#include <stdio.h>" 包含头文件。

4.2.1　scanf 函数

1. 函数格式

scanf 函数格式为：

```
scanf(格式控制字符串,变量地址列表);
```

微课 4-2：格式
化输入函数

2. 函数功能

scanf 函数的功能是通过标准输入设备（键盘、写字板等），按照格式控制字符串中的格式要求为变量地址列表中的变量输入数据。

【例 4.1】假设代码清单 4.1 中要求变量 a 和 b 的值可以任意输入，怎么做？

将语句 "a=2;b=3;" 修改为 "scanf("%d%d",&a,&b);" 就可以了。例如程序运行后输入 "4_5↙"（符号_代表空格，符号↙代表回车符），结果如图 4.4 所示。

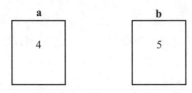

图 4.4　输入结果示意

3. 格式控制字符串

格式控制字符串是用双引号标识的字符串，包括格式转换说明符和非格式字符，输入时原样输入非格式字符，其中功能描述如表 4.1 所示。

表 4.1　scanf 函数格式转换说明符及功能描述

格式转换说明符	功能描述
%d	输入一个十进制整数
%f	输入一个单精度实数
%lf	输入一个双精度实数
%c	输入一个字符
%s	输入一个字符串
%o	输入一个八进制整数
%x	输入一个十六进制整数
%*	表示本输入项只是读入，不赋给相应变量

4. 变量地址列表

变量地址列表由输入项组成，两个输入项之间用逗号分隔。输入项一般由取地址运算符&和变量名组成，即"&变量名"。

5. 其他说明

（1）格式控制字符串中多个格式转换说明符之间默认没有逗号，输入数据时，通常使用 Space 键或者 Enter 键来分隔数据；如果格式转换说明符之间有逗号，输入数据时，一定也要用逗号来分隔数据。

【例 4.2】

```
scanf("%d%d",&a,&b);
```

程序运行后，输入"4␣5↙"或"4↙5↙"都可以。

```
scanf("%d,%d",&a,&b);
```

程序运行后输入"4,5↙"才可以。

（2）格式转换说明符的个数和类型必须与变量地址列表一一对应，对应变量按照格式输入。

【例 4.3】

```
int a,b,c;
scanf("%d%d",&a,&b,&c);
```

其中有两个格式转换说明符、3 个变量，表示方法错误。

【例 4.4】

```
int a,b;
scanf("%d%f",&a,&b);
```

其中格式转换说明符%f表示输入单精度实数，而对应的输入项是&b，表示方法错误。
（3）使用%*（抑制字符）表示本输入项只是读入，不赋给相应变量。

【例 4.5】

```
int a,b;
scanf("%d%*d%d",&a,&b);
```

程序运行后输入数据"123 45 678↙"，则 123 赋给变量 a，45 受到%*d 控制，不赋给任何变量，678 赋给变量 b。

4.2.2 printf 函数

1. 函数格式

printf 函数格式为：

```
printf(格式控制字符串,输出列表);
```

微课 4-3：格式
化输出函数

2. 函数功能

printf 函数的功能是将输出列表中各个表达式的值按照格式控制字符串中对应的格式输出到标准输出设备（如显示器）。

3. 格式控制字符串

格式控制字符串是用双引号标识的字符串，包括格式转换说明符、转义字符和普通字符 3 种形式。printf 函数格式转换说明符及功能描述如表 4.2 所示。

表 4.2 printf 函数格式转换说明符及功能描述

格式转换说明符	功能描述
%d	输出一个十进制整数
%f	输出一个单精度实数
%lf	输出一个双精度实数
%e 或%E	按指数格式输出一个实数
%c	输出一个字符
%s	输出一个字符串
%o	输出一个八进制整数
%x	输出一个十六进制整数

4. 输出列表

输出列表由输出项组成，输出项之间用逗号分隔，输出项可以是一般的表达式，也可以是简单变量。

49

5. 其他说明

（1）格式转换说明符的个数和类型必须与输出列表一一对应，对应输出项按照格式输出。

【例 4.6】

```
int a=2,b=3;
printf("%d%d%d", a, b);
```

其中有 3 个格式转换说明符、两个变量，表示方法错误。

（2）格式控制字符串中可以有转义字符和普通字符，转义字符根据具体作用实现相应操作，普通字符原样输出。

【例 4.7】

```
int a=2,b=3;
printf("a=%d\tb=%d ", a, b); //转义字符\t 表示跳到下一个制表位
```

程序运行后输出 "a=2   b=3"。

（3）利用修饰符 m（正整数）可以指定输出项所占的宽度，当指定宽度小于实际宽度时，按实际宽度输出；当指定宽度大于实际宽度时，在前面用空格补足。

【例 4.8】

```
int a=123,b=12345;
printf("%4d,%4d\n",a,b);
```

程序运行后输出 "␣123,12345"。

（4）利用修饰符 n（正整数）可以指定输出的实型数据的小数位数（四舍五入），系统默认的小数位数为 6。

【例 4.9】

```
float x=123.44;
printf("%.1f,%.2f,%.6f\n",x,x,x);
```

程序运行后输出 "123.4,123.44,123.440002"。

（5）利用修饰符 0（数字）可以指定数字前的空格用 0 填补。

【例 4.10】

```
int a=123;
printf("%04d\n",a);
```

程序运行后输出 "0123"。

（6）利用修饰符-可以指定输出项的对齐方式，该修饰符表示输出项左对齐。

【例 4.11】

```
int a=123;
printf("%-4d\n",a);
```

程序运行后输出 "123␣"。

4.3 字符输入/输出

前面介绍了 scanf 函数和 printf 函数，stdio.h 中还包含 getchar 函数和 putchar 函数，分别用于字符的输入/输出。

4.3.1 getchar 函数

1. 函数格式

getchar 函数格式为：

```
getchar();
```

微课 4-4：字符
输入函数

2. 函数功能

getchar 函数的功能是从标准输入设备输入一个字符。

3. 说明

（1）getchar 函数没有参数，函数的返回值是从输入设备得到的字符。

（2）从键盘上输入数据按 Enter 键结束，数据被送入缓冲区，getchar 函数从缓冲区中读入一个字符赋给字符变量。

【例 4.12】

```
char ch;
ch=getchar();
printf("ch=%c\n",ch);
```

程序运行后输入"Y✓"，结果为"ch=Y"。

（3）getchar 函数也可以接收回车符。

【例 4.13】

```
char ch1,ch2;
ch1=getchar();
ch2=getchar();
printf("ch1=%c,ch2=%c\n",ch1,ch2);
```

程序运行后输入"X✓"，结果为"ch1=X,ch2=✓"。如果要让变量 ch2 不读取✓，可在"ch1=getchar( );"语句下一行加上语句"getchar( );"用于接收✓，但不赋值给任何变量，程序运行后再输入"X✓Y✓"，结果为"ch1=X,ch2=Y"。

4.3.2 putchar 函数

1. 函数格式

putchar 函数格式为：

```
putchar(ch);
```

微课 4-5：字符
输出函数

ch 可以是一个字符型常量、变量，或者是一个不大于 255 的整型常量或变量，也可以是一个转义字符。

2. 函数功能

putchar 函数的功能是向标准输出设备输出一个字符。

3. 说明

（1）可以输出字符型变量。

【例 4.14】

```
char ch='Y';
putchar(ch);
```

程序运行后结果为"Y"。

（2）可以输出字符型或者整型常量。

【例 4.15】

```
putchar('I');
putchar(70);
```

程序运行后结果为"IF"，因为 F 的 ASCII 值为 70。

（3）可以输出转义字符。

【例 4.16】

```
putchar('\n');
putchar('\007');
```

转义字符'\n'代表换行，'\007'代表输出响铃。

4.4 常见编译错误与解决办法

顺序结构程序设计过程中常见的错误、警告及解决办法举例如下。

1. 使用 scanf 函数输入数据时，变量前没有加"&"

代码清单 4.2：

```
#include "stdio.h"
main()
{
  int x;
  scanf("%d",x);
  printf("%d\n",x);
}
```

警告显示：

```
warning C4700: local variable 'x' used without having been initialized
```

解决办法：在 scanf 函数中的变量 x 前加上"&"。

2. putchar 函数没有字符变量或者字符常量参数

代码清单 4.3：

```
#include "stdio.h"
```

```
main()
{
  char ch;
  ch=getchar();
  putchar();
}
```

警告显示：

```
warning C4003: not enough actual parameters for macro 'putchar'
```

解决办法：在 putchar 函数中加入要输出的字符变量或者字符常量。

3. getchar 函数中加入了参数

代码清单 4.4：

```
#include "stdio.h"
main()
{
  char ch;
  getchar(ch);
  putchar(ch);
}
```

警告显示：

```
warning C4002: too many actual parameters for macro 'getchar'
```

解决办法：去除 getchar 函数中的字符变量或者字符常量。

4. printf 函数少写一个字母 f，写成了 print

代码清单 4.5：

```
#include "stdio.h"
main()
{
  int x;
  scanf("%d",&x);
  print("%d\n",x);
}
```

警告显示：

```
warning C4013: 'print' undefined; assuming extern returning int
```

解决办法：在 print 后面加上字母 f，即 printf。

实例分析与实现

1. 实例分析

实例中数据 a=3、b=4、c=5 以整型输出，格式转换说明符为%d，数据之间利用\t 进行分隔，在说明符前面分别加上 a=、b=和 c=，输出时会原样

素养拓展 4-1：
劳模精神

输出；数据 x=9.600000、y=6.000000、z=-14.600000 以单精度实型输出，格式转换说明符为%f，数据之间利用逗号进行分隔，在说明符前面分别加上 x=、y=和 z=，输出时会原样输出；数据 x+y=15.600000、x+z=-5.000000、y+z=-8.600000 采用单精度实型输出，格式转换说明符为%f，数据之间利用逗号进行分隔，在说明符前面分别加上 x+y=、x+z=和 y+z=，输出时会原样输出；数据 c1='A' 和 c2='B'采用字符型输出，格式转换说明符为%c，在说明符前面分别加上 c1=和 c2=，输出时会原样输出，在说明符前后分别加上\'，输出时会显示'。

具体算法如下。

① 根据输出效果，定义 8 个不同类型的变量并初始化。

② 用格式转换说明符%d 输出整型数据。

③ 用格式转换说明符%f 输出实型数据。

④ 用格式转换说明符%f 输出实型求和数据。

⑤ 用格式转换说明符%c 输出字符型数据。

2. 项目代码

代码清单 4.6：

```
#include "stdio.h"
main()
 {
  int a=3,b=4,c=5;                        //定义整型变量及初始化
  float x=9.6,y=6.0,z=-14.6;              //定义实型变量及初始化
  char c1='A',c2='B';                     //定义字符型变量及初始化
  printf("a=%d\tb=%d\tc=%d\n",a,b,c);     //按照要求输出整型数据
  printf("x=%f,y=%f,z=%f\n",x,y,z);       //按照要求输出实型数据
  printf("x+y=%f,x+z=%f,y+z=%f\n",x+y,x+z,y+z);  //按照要求输出实型求和数据
  printf("c1=\'%c\'\n",c1);               //按照要求输出字符型数据
  printf("c2=\'%c\'\n",c2);               //按照要求输出字符型数据
}
```

3. 案例拓展

根据图 4.5 所示案例拓展输出结果的变化 n=12345678、c1='A' or 65<ASCII>和 c2='B' or 66<ASCII>，还需进一步完善程序设计。

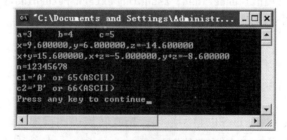

图 4.5　案例拓展输出结果

进阶案例——3位数分裂

1. 案例介绍

任意输入一个3位数，分别输出个位、十位和百位的值。例如输入一个3位数315，输出"个位数:5,十位数:1,百位数:3"，如图4.6所示。

图4.6 案例运行结果

2. 案例分析

首先考虑从3位数315得到个位数的方法，315%10=5；然后考虑得到十位数的方法，315/10%10=1或者315%100/10=1；最后考虑得到百位数的方法，315/100=3。也就是说，对于任意一个3位数，得到个位数的方法就是除10取余数，得到十位数的方法就是整除10再除10取余数或者除100取余数再整除10，得到百位数的方法就是整除100。具体算法如下。

① 定义4个整型变量，分别用于存储输入的数值、百位数、十位数、个位数。

② 利用scanf函数输入一个3位数。

③ 利用整除和取余方法得到各个位上的数字。

④ 输出个位数、十位数和百位数。

3. 项目代码

代码清单4.7：

```
#include "stdio.h"
main()
{
  int m,ge,shi,bai;                                    //定义变量
  printf("请输入一个3位整数:");
  scanf("%d",&m);                                      //输入一个3位数m
  ge=m%10;                                             //求个位数
  shi=m/10%10;                                         //求十位数
  bai=m/100;                                           //求百位数
  printf("个位数:%d,十位数:%d,百位数:%d\n",ge,shi,bai); //输出结果
}
```

4. 案例拓展

任意输入一个4位数，分别输出个位、十位、百位和千位的值。例如输入一个4位数2019，输出"个位数：9，十位数：1，百位数：0，千位数：2"。

本章小结

本章首先描述了各类数据输出格式控制实例；然后介绍了简单语句分析、格式化输入函数 scanf、格式化输出函数 printf、字符输入函数 getchar、字符输出函数 putchar，同时介绍了常见的编译错误与解决办法；最后进行了实例的分析与实现，并通过了结果验证，以及 3 位数分裂进阶案例的分析与实现。其中格式化输入/输出函数和字符输入/输出函数是重点内容，字符输入/输出函数是难点内容。

通过对本章的学习，读者应该能够熟练掌握格式化输入函数 scanf 和格式化输出函数 printf；熟练掌握字符输入函数 getchar 和字符输出函数 putchar；修改编译过程中遇到的编译错误，并运用本章知识解决实际应用问题。

同步训练

一、选择题

1. 以下程序输出结果为（　　　）。

```
main()
{  int a=2,b=5;
   printf("a=%d,b=%d",a,b);
}
```

    A.　a=%2,b=%5　　　　B.　a=2,b=5　　　　C.　a=d,b=d　　　　D.　a=%d,b=%d

2. 以下程序输出结果为（　　　）。

```
main()
{ int i=2,j=3;
  printf("i=%%d,j=%%%d",i,j);
}
```

    A.　2,3　　　　　　B.　i=%d,j=%d　　　　C.　i=%d,j=%2　　　D.　i=2,j=3

3. 以下程序输出结果为（　　　）。

```
main()
{ char c1=97,c2=98;
  printf("%d  %c",c1,c2);
}
```

    A.　97　98　　　　B.　97　b　　　　　C.　a　98　　　　D.　a　b

4. 下面程序的运行结果为（　　　）。

```
y=5;x=14;y=((x=3*y,x+6),x-1);
printf("x=%d,y=%d",x,y);
```

    A.　x=27,y=27　　　B.　x=12,y=13　　　C.　x=15,y=14　　　D.　x=y=27

5. 以下叙述正确的是（　　　）。

    A.　getchar 函数用于输入一个字符串

B. getchar 函数用于输入一个字符

C. putchar 函数用于输入一个字符

D. putchar 函数用于输出一个字符串

6. 有下列程序：

```
main()
{
  int m,n,p;
  scanf("m=%dn=%dp=%d",&m,&n,&p);
  printf("%d%d%d",m,n,p);
}
```

若想从键盘上输入数据，使变量 m 的值为 1、n 的值为 2、p 的值为 3，则正确的 C 语言代码是（　　　）。

A. m=1n=2p=3　　　B. m=1 n=2 p=3　　　C. m=1,n=2,p=3　　　D. 1 2 3

二、填空题

1. 假设 a 为 float 型变量，要求输出宽度为 6，保留 2 位小数，正确的 printf 函数语句是＿＿＿＿＿＿＿＿＿＿＿＿＿＿＿＿＿＿＿＿＿＿＿＿＿＿＿。

2. 执行下列语句后，a 的值是＿＿＿＿＿＿＿。

```
int a=12;a+=a-=a*a;
```

3. C 语言的字符输出函数是＿＿＿＿＿＿＿。

4. 如下程序，输入商品数量和价格，求应付款，将程序补充完整。

```
main()
{
  int num;
  float price,money;
  scanf("%d",&num);
  _____;
  money=price*num;
  printf("money=%.2f",_____);
}
```

5. 如下程序，任意输入两个整数 a 和 b，并将其进行交换，将程序补充完整。

```
main()
{
  int a,b,t;
  _____;
  t=a;
  _____;
  b=t;
  printf("a=%d,b=%d",a,b);
}
```

三、程序设计题

1. 从键盘上任意输入圆的半径，编程实现输出圆的周长和面积。

2. 从键盘上任意输入一个 3 位整数，编程实现将它反向输出。例如输入 256，则输出为 652。

3. 用 getchar 函数输入 3 个字符，编程实现用 printf 函数按输入次序输出这 3 个字符，并输出这 3 个字符的 ASCII 值，最后用 putchar 函数按与输入字符相反的次序输出这 3 个字符。

4. 从键盘上任意输入一个大写字母，编程实现将大写字母转化为小写字母后输出。

操作视频：顺序
结构程序设计

技能训练

通过扫描二维码观看示范视频，进一步巩固格式化输入函数 scanf、格式化输出函数 printf、字符输入函数 getchar 和字符输出函数 putchar 等相关知识，从而提高学习者的程序设计水平，达到学以致用的目的。

第 **5** 章　选择结构程序设计

 学习目标

- 掌握关系运算符和关系表达式的设计方法。
- 掌握逻辑运算符和逻辑表达式的设计方法。
- 掌握 if 语句的 3 种基本形式和使用方法。
- 掌握 switch 语句的使用方法。
- 掌握选择结构程序设计的方法。
- 掌握选择结构程序设计中常见的编译错误与解决办法。

实例描述——健康状况检查系统设计

现代社会，每个人都比较注重健康，有这样一个健康状况检查系统，输入人的身高、体重和超脂肪率，根据公式计算：标准体重=（身高-150）×0.6+48 公斤。再根据公式计算：超重率=（实际体重-标准体重）/标准体重×100%。显示结果：超重率<10%属于正常体重，10%≤超重率<20%属于体重超重，20%≤超重率<30%且超脂肪率>30%属于轻度肥胖症，30%≤超重率<50%且 35%<超脂肪率≤45%属于中度肥胖症，超重率≥50%且超脂肪率>45%属于重度肥胖症。实例运行结果如图 5.1 所示。

图 5.1　实例运行结果

知识储备

在日常生活中，每个人都会遇到一些需要选择的问题，并需要对这些问题做出判断。例如，在高中时对文理科的选择，在大学毕业时对就业岗位的选择，在过马路的时候根据红绿灯做的选择。C 语言提供了"选择结构"来支持对这类判断性问题的处理。选择结构语句分为 if 语句和 switch 语句，本章将针对这两种条件语句进行详细讲解。

5.1 条件判断表达式设计

在对选择结构进行设计时，需要判断相应条件是否成立。程序中的这些条件统称为条件判断表达式。关于 C 语言程序，这里重点介绍关系表达式设计方法和逻辑表达式设计方法。

微课 5-1：关系
运算符与表达式

5.1.1 关系表达式设计

1. 关系运算符

C 语言提供了图 5.2 所示的 6 种关系运算符。

（1）前 4 种关系运算符的优先级相同，后两种关系运算符的优先级相同，但前 4 种关系运算符的优先级高于后两种关系运算符。例如，>优先级高于==，<=与>=优先级相同。

（2）关系运算符的优先级低于算术运算符。

（3）关系运算符的优先级高于赋值运算符。

例如对于表达式"c>a+b"，应该先计算"a+b"，再与 c 进行比较。又如对于表达式"a=b>c"，应该先将 b 和 c 进行比较，再将比较结果赋值给 a。

图 5.2 关系运算符

2. 关系表达式

用关系运算符将两个表达式（可以是算术表达式、关系表达式、逻辑表达式、赋值表达式等）连接起来的式子，称为关系表达式。关系表达式的值有 1 和 0 两个，当关系表达式成立时，其值为 1；当关系表达式不成立时，其值为 0。C 语言中以 1 代表"真"、以 0 代表"假"。

【例 5.1】已知 a=1、b=2、c=3，则关系表达式"a>b"的结果为假，值为 0；关系表达式"a+b==c"的结果为真，值为 1。

【例 5.2】判断整型变量 n 是否为偶数，怎么书写关系表达式？

解：能被 2 整除的数为偶数，所以关系表达式可以写成"n%2==0"。

【例 5.3】根据变量 score 判断成绩是否及格，怎么书写关系表达式？

解： 成绩大于或等于 60 分为及格，那么关系表达式可以写成"score>=60"。

5.1.2 逻辑表达式设计

1. 逻辑运算符

微课 5-2：逻辑
运算符与表达式

逻辑运算符包括&&（逻辑与）、||（逻辑或）、!（逻辑非）。其中，&&和
||是双目运算符，要求有两个运算量，且结合方向为左结合，如"a>b&&a<c"；!
是单目运算符，它只要求有一个运算量，且结合方向为右结合，如!a。

如图 5.3 所示，!的优先级高于算术运算符，&&和||的优先级都低于算术运算符和关系
运算符，高于赋值运算符，同时&&优先级又高于||，按照运算符的优先级可以得出：

"a>b && c>d"等价于"(a>b)&&(c>d)"；

"!b==c||d<a"等价于"((!b)==c)||(d<a)"；

"a+b>c&&x+y<b"等价于"((a+b)>c)&&((x+y)<b)"；

"a=b+c>x+y"等价于"a=((b+c)>(x+y))"。

图 5.3 优先级关系

当两个表达式 a 和 b 的值为不同组合时，各逻辑运算会得到相对应的值。表 5.1 所示
为逻辑运算的真值表。

表 5.1 逻辑运算的真值表

A	B	A&&B	A||B	!A
0	0	0	0	1
0	非 0	0	1	1
非 0	0	0	1	0
非 0	非 0	1	1	0

2. 逻辑表达式

用逻辑运算符将两个表达式连接起来的式子称为逻辑表达式。C 语言编译系统在给出
逻辑运算结果时，以数字 1 表示"真"，以数字 0 表示"假"，所以在判断一个量是否为真
时，以 0 表示假、非 0 表示真。逻辑表达式分为逻辑与表达式、逻辑或表达式和逻辑非表
达式。

C 语言程序设计（第 3 版）（微课版）

（1）逻辑与表达式。

设 A、B 是两个 C 语言表达式，如果一个 C 语言表达式通过运算符的优先级和结合方向最终可归结为 A&&B 的形式，则称这个表达式为逻辑与表达式，简称与表达式。

与表达式 A&&B 计算过程：先计算 A，当 A 的值为 0 时，不再计算 B（此时说明与表达式的值一定为 0）；当 A 为非 0 时，再计算 B。例如表达式"5>0 && 4>2"，由于 5>0 为真，4>2 也为真，表达式的结果也就为真。

（2）逻辑或表达式。

设 A、B 是两个 C 语言表达式，如果一个 C 语言表达式通过运算符的优先级和结合方向最终可归结为 A||B 的形式，则称这个表达式为逻辑或表达式，简称或表达式。

或表达式 A||B 计算过程：先计算 A，当 A 值为非 0 时，不再计算 B（此时说明或表达式的值一定为 1）；当 A 的值为 0 时，再计算 B。例如表达式"5>0||5>8"，由于 5>0 为真，不用再计算 5>8 的结果，表达式的结果为真。

（3）逻辑非表达式。

设 A 是一个 C 语言表达式，如果某个 C 语言表达式通过运算符的优先级和结合方向最终可归结为!A 的形式，则称这个表达式为逻辑非表达式，简称非表达式。

非表达式!A 计算过程：先计算 A，然后将其值取反。例如表达式"!(5>0)"，由于 5>0 为真，然后将其值取反变为假，表达式的结果也就为假。

（4）说明。

在逻辑表达式的求解过程中，并不是所有逻辑运算符都被执行，示例如下。

① C 语言表达式"a&&b&&c"求解过程中，只有 a 为真时，才需要求 b 的值；只有 a 和 b 都为真时，才需要求 c 的值；只要 a 为假，就不需要求 b 和 c 的值，整个表达式的值一定为假；如果 a 为真，b 为假，就不需要求 c 的值，整个表达式的值也一定为假。

② C 语言表达式"a||b||c"求解过程中，只要 a 为真，就不需要求 b 和 c 的值，整个表达式的值一定为真；如果 a 为假，b 为真，也不需要求 c 的值，整个表达式的值也一定为真。

【例 5.4】设 a=10、b=11、c=12，求下列 C 语言表达式的值。

① a%2==0&&c%2==0。

② a+b<c&&b+c>a。

③ a&&b||c。

④ b+c||b-c||a。

⑤ !(a>b)&&!c||a>c。

注意：求解本题首先应该了解运算符的优先级，逻辑运算符（!）>算术运算符>关系运算符>逻辑运算符（&&和||），然后依次求各表达式的值。

第①个表达式首先求"a%2==0"为真，再求"c%2==0"也为真，所以整个表达式的

62

值为真。

第②个表达式先求"a+b<c"为假，因为是逻辑与运算，不用再求"b+c>a"，整个表达式的值为假。

第③个表达式先求 a 为真，再求 b 为真，逻辑与运算结果为真，后面是逻辑或运算，不用再求 c 的值，整个表达式的值为真。

第④个表达式先求"b+c"为真，都是逻辑或运算，不用再求"b−c"和 a 的值，整个表达式的值为真。

第⑤个表达式先求"! (a>b)"为真，再求"!c"为假，逻辑与运算结果为假，最后求"a>c"为假，整个表达式的值为假。

【例 5.5】判断某公民是否享有选举权和被选举权，怎么书写 C 语言逻辑表达式？

解：年满 18 周岁，中国公民，而且没有被剥夺政治权利，逻辑表达式可以写成"年满 18 周岁&&中国公民&&没有被剥夺政治权利"

素养拓展 5-1：中国公民享有选举权和被选举权的必备条件

【例 5.6】根据变量 year 判断某一年是否为闰年，怎么书写 C 语言逻辑表达式？

解：年份数值能被 4 整除，但不能被 100 整除的称为闰年；能被 400 整除的也称为闰年。C 语言逻辑表达式可以写成"year%4==0&&year%100!=0||year%400==0"。

5.2　单分支结构

日常生活中经常会遇到单一判断情况，例如电影院检票、判断考试是否及格、判断是否为偶数和判断是否为闰年问题等。C 语言中，采用 if 语句实现这种单分支结构。

微课 5-3：单分支选择结构

1. if 语句的格式

if 语句的格式为：

```
if（表达式）
　语句；
```

2. 执行描述

表达式可以是任意表达式，语句可以是一条语句或者复合语句。执行过程中，先判断表达式是否为真，如果为真，执行语句；如果为假，跳过语句执行后面的程序。

注意：if 语句比较适用于条件是某个范围的情况。

3. if 语句流程图

if 语句流程图如图 5.4 所示。

图 5.4   if 语句流程图

【例 5.7】编程实现，输入 C 语言课程的成绩，如果成绩大于或等于 60 分，则输出 "C 语言成绩及格!"。

算法设计如下。

① 定义一个成绩变量。

② 输入 C 语言成绩。

③ 如果成绩大于或等于 60 分，则输出 "C 语言成绩及格!"。

程序流程图如图 5.5 所示。

图 5.5 【例 5.7】程序流程图

代码清单 5.1：

```
#include "stdio.h"
main()
{
    int score;
    scanf("%d",&score);
    if(score>=60)
        printf("C语言成绩及格!\n");
}
```

运行结果：输入 "90✓"，输出 "C 语言成绩及格!"。

【例 5.8】编程实现，输入两个整数，将这两个数按照从小到大的顺序输出。

算法设计如下。

① 定义 3 个变量，其中一个用于交换。

② 输入两个整数。

③ 如果第一个数大于第二个数，则交换。

④ 输出两个整数。

程序流程图如图 5.6 所示。

图 5.6 【例 5.8】程序流程图

代码清单 5.2：

```
#include "stdio.h"
main()
{
    int a,b,t;
    scanf("%d%d",&a,&b);
    if(a>b)
    {
        t=a;a=b;b=t;
    }
    printf("%d %d\n",a,b);
}
```

运行结果：输入"3_2✓"，输出"2 3"。

【例 5.9】编程实现，输入 3 个整数，寻找最大值并输出。

算法设计如下。

① 定义 4 个变量 a、b、c、max。

② 输入 3 个整数。

③ 假设 a 为最大值。

④ 如果 b 大于最大值，则 b 为最大值。

⑤ 如果 c 大于最大值，则 c 为最大值。

⑥ 输出最大值。

程序流程图如图 5.7 所示。

图 5.7 【例 5.9】程序流程图

代码清单 5.3：

```c
#include "stdio.h"
main()
{
    int a,b,c,max;
    scanf("%d%d%d",&a,&b,&c);
    max=a;
    if(b>max)
        max=b;
    if(c>max)
        max=c;
    printf("max=%d\n",max);
}
```

运行结果：输入"1␣3␣2↙"，输出"max=3"。

微课 5-4：双分
支选择结构

5.3 双分支结构

日常生活中也经常会遇到两种选择的情况，例如判断考试是否及格、判断奇偶数、判断账号和密码是否正确等。C 语言中，采用 if…else 语句实现双分支结构。

1. if…else 语句的格式

if…else 语句的格式为：

```
if（表达式）
 语句1；
else
 语句2；
```

2. 执行描述

表达式可以是任意表达式，语句 1 和语句 2 可以是一条语句，也可以是复合语句。执行过程中，先判断表达式是否为真，如果为真，执行语句 1；如果为假，执行语句 2。语句 1 和语句 2 只能执行其中一条。

3. if…else 语句流程图

if…else 语句流程图如图 5.8 所示。

图 5.8 if…else 语句流程图

【例 5.10】编程实现，输入一个整数，判断其是奇数还是偶数。

算法设计如下。

① 定义一个整型变量。

② 输入一个整数。

③ 如果该整数除 2 取余等于 0，则判定该数是偶数，否则判定该数是奇数。

程序流程图如图 5.9 所示。

图 5.9 【例 5.10】程序流程图

代码清单 5.4：

```
#include "stdio.h"
main()
{
    int n;
    scanf("%d",&n);
    if(n%2==0)
        printf("该数是偶数!\n");
    else
        printf("该数是奇数!\n");
}
```

运行结果：输入"8↙"，则输出"该数是偶数！"；输入"5↙"，则输出"该数是奇数！"。

【例 5.11】编程实现，输入一个密码，判断密码是否正确。

算法设计如下。

① 定义一个整型变量。

② 输入一个密码。

③ 如果该密码等于设定密码，则输出"密码正确，登录成功！"，否则输出"密码错误，无法登录！"。

程序流程图如图 5.10 所示。

图 5.10 【例 5.11】程序流程图

代码清单 5.5：

```
#include "stdio.h"
main()
{
    int pwd;
    scanf("%d",&pwd);
    if(pwd==123456)
        printf("密码正确，登录成功!\n");
    else
        printf("密码错误，无法登录!\n");
}
```

运行结果：输入"123456✓"，则输出"密码正确，登录成功!"；输入"112233✓"，则输出"密码错误，无法登录!"。

5.4 多分支结构

单分支和双分支结构只能解决面临一种和两种选择的问题，而实际生活中还经常会遇到多种选择的情况，例如商场多种商品不同折扣、提款机界面上的多个选项等。C 语言中，采用 if…else if 语句、if…else 嵌套语句、switch 语句来实现多分支结构。

微课 5-5: if 多分支选择结构

5.4.1 if…else if 语句

1. if…else if 语句的格式

if…else if 语句的格式为：

```
if(表达式 1)
 语句 1;
else if(表达式 2)
 语句 2;
…
else if(表达式 n)
 语句 n;
else
 语句 n+1;
```

2. 执行描述

其中表达式可以是任意表达式，语句可以是一条语句，也可以是复合语句。执行过程中，先判断表达式 1，如果为真，执行语句 1；否则判断表达式 2，如果为真，执行语句 2；……否则判断表达式 n，如果为真，执行语句 n；否则执行语句 $n+1$。语句 1、语句 2……语句 n 和语句 $n+1$ 只能执行其中一条。

3. if…else if 语句流程图

if…else if 语句流程图如图 5.11 所示。

【例 5.12】编程实现，输入顾客购买商品的消费总额，输出顾客实际付款金额。某商场打折活动具体细则如下。

（1）购买商品的消费总额超过 10000 元（含 10000 元），打 5 折。

（2）购买商品的消费总额超过 8000 元（含 8000 元），打 6 折。

（3）购买商品的消费总额超过 5000 元（含 5000 元），打 7 折。

（4）购买商品的消费总额超过 3000 元（含 3000 元），打 8 折。

图 5.11   if…else if 语句流程图

（5）购买商品的消费总额超过 1000 元（含 1000 元），打 9 折。

（6）购买商品的消费总额小于 1000 元不打折。

算法设计如下。

① 定义两个实型变量。

② 输入顾客购买商品的消费总额。

③ 利用多分支结构判断条件表达式，执行相应语句。

④ 输出顾客的实际付款金额。

程序流程图如图 5.12 所示。

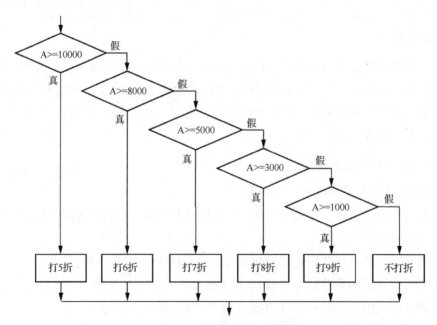

图 5.12   【例 5.12】程序流程图

代码清单 5.6：

```c
#include "stdio.h"
main()
{
    float Amount,ActualAmount;
    printf("请输入顾客购买商品的消费总额:");
    scanf("%f",&Amount);
    if(Amount>=10000)
        ActualAmount=Amount*0.5;
    else if(Amount>=8000)
        ActualAmount=Amount*0.6;
    else if(Amount>=5000)
        ActualAmount=Amount*0.7;
    else if(Amount>=3000)
        ActualAmount=Amount*0.8;
    else if(Amount>=1000)
        ActualAmount=Amount*0.9;
    else
        ActualAmount=Amount;
    printf("顾客实际付款金额:%f 元\n",ActualAmount);
}
```

运行结果如图 5.13 所示。

图 5.13 【例 5.12】运行结果

5.4.2 if…else 嵌套语句

1. if…else 嵌套语句的格式

if…else 嵌套语句的格式为：

微课 5-6：if 语句
嵌套结构

```
if(表达式 1)
  if(表达式 2)
      语句 1;
    else
      语句 2;
else
  if(表达式 3)
      语句 3;
    else
      语句 4;
```

2. 执行描述

在 C 语言中允许使用 if…else 嵌套语句实现多分支结构，也就是允许在 if 或者 else 子句中包含 if…else 语句。其中表达式可以是任意表达式，语句可以是一条语句，也可以是复合语句。执行过程中，如果表达式 1 为真，继续判断表达式 2，如果为真，执行语句 1；如果表达式 1 为真，表达式 2 为假，那么执行语句 2；如果表达式 1 为假，继续判断表达式 3，如果为真，那么执行语句 3；如果表达式 1 为假，表达式 3 为假，执行语句 4。

【例 5.13】编程实现，输入一个点的横坐标和纵坐标，输出该点属于哪个象限。

算法设计如下。

① 定义两个整型变量。

② 输入两个整数。

③ 利用 if…else 嵌套语句判断横坐标和纵坐标的大小。

④ 输出该点属于哪个象限。

代码清单 5.7：

```
#include "stdio.h"
main()
{
    int x,y;
    printf("请输入横坐标和纵坐标:");
    scanf("%d%d",&x,&y);
    if(x>0)
        if(y>0)
            printf("该点属于第一象限!\n");
        else
            printf("该点属于第四象限!\n");
    else
        if(y>0)
            printf("该点属于第二象限!\n");
        else
            printf("该点属于第三象限!\n");
}
```

运行结果如图 5.14 所示。

图 5.14 【例 5.13】运行结果

微课 5-7：switch
多分支选择结构

5.4.3 switch 语句

1. switch 语句的格式

switch 语句的格式为：

```
switch(表达式)
{
  case 常量表达式 1:语句体 1;[break;]
  case 常量表达式 2:语句体 2;[break;]
      …
  case 常量表达式 n:语句体 n;[break;]
  default:语句体 n+1;
}
```

2. 执行描述

先计算表达式的值，然后将其依次与每一个 case 中的常量表达式的值进行比较，若有相等的，则从该 case 开始依次往下执行；若没有相等的，则从 default 开始往下执行。若 switch 语句中没有 default，则跳出 switch 语句，执行 switch 语句之后的程序。执行过程中遇到 break 语句就跳出 switch 语句，否则一直按顺序执行，也就是会执行其他 case 后面的语句，直到遇到 "}" 才停止。

注意： switch 语句比较适用于条件是固定值的情况。

3. switch 语句流程图

switch 语句流程图如图 5.15 所示。

图 5.15　switch 语句流程图

【例 5.14】编程实现，输入考试成绩，其中 90～100 分属于 A 级别，80～89 分属于 B 级别，70～79 分属于 C 级别，60～69 分属于 D 级别，低于 60 分属于 E 级别，将成绩转化为相应五级制级别并输出。

算法设计如下。

① 定义两个整型变量和一个字符型变量。

② 输入考试成绩。

③ 成绩整除 10，将成绩范围缩小。

④ 利用 switch 语句对成绩进行五级制级别转化。

⑤ 输出级别。

代码清单 5.8：

```c
#include "stdio.h"
main()
{
    int score,temp;
    char grade;
    printf("请输入考试成绩:");
    scanf("%d",&score);
    temp=score/10;
    switch(temp)
    {
        case 10:
        case 9:grade='A';break;
        case 8:grade='B';break;
        case 7:grade='C';break;
        case 6:grade='D';break;
        case 5:
        case 4:
        case 3:
        case 2:
        case 1:
        case 0:grade='E';
    }
    printf("五级制级别为:%c\n",grade);
}
```

运行结果如图 5.16 所示。

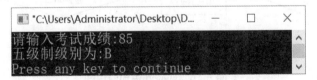

图 5.16 【例 5.14】运行结果

5.5　常见编译错误与解决办法

选择结构程序设计过程中常见的错误、警告及解决办法举例如下。

1. 将条件表达式中的等于号"=="写成赋值运算符"="

代码清单 5.9:

```
#include "stdio.h"
main()
{
    int n;
    scanf("%d",&n);
    if(n%2=0)
        printf("该数是偶数!\n");
    else
        printf("该数是奇数!\n");
}
```

错误显示:

```
error C2106: '=' : left operand must be l-value
```

解决办法:将"n%2=0"改为"n%2==0"。

2. else 缺少对应的 if 语句，它们应该是成对出现的

代码清单 5.10:

```
#include "stdio.h"
main()
{
  int x,y;
  scanf("%d",&x);
  if(x<0)
        y=0;
  else if(x<10)
        y=2+x;
  else (x<20)
        y=3*x;
  else
        y=x;
  printf("%d\n",y);
}
```

错误显示:

```
error C2181: illegal else without matching if
```

解决办法:将"else (x<20)"改为"else if (x<20)"，与下一个 else 对应。

3. switch 语句中 case 后面的常量表达式中存在实型常量

代码清单 5.11：

```c
#include "stdio.h"
main()
{
    int x;
    scanf("%d",&x);
    switch(x)
    {
        case 10:
        case 9.5:x++;break;
        default:x=5*x;
    }
    printf("x=%d\n",x);
}
```

错误显示：

```
error C2052: 'const double ' : illegal type for case expression
```

解决办法：将 case 后面的 9.5 修改为整型数据或者字符型数据。

4. if 语句后面加分号 ";"

代码清单 5.12：

```c
#include "stdio.h"
main()
{
    int n;
    scanf("%d",&n);
    if(n%2==0);
        printf("该数是偶数!\n");
    else
        printf("该数是奇数!\n");
}
```

错误显示：

```
error C2181: illegal else without matching if
```

解决办法：将语句 "if(n%2==0);" 中的分号去掉。

实例分析与实现

1. 实例分析

首先，输入某人的身高、体重和超脂肪率，根据公式依次计算标准体重和超重率，然后，利用多分支结构和 if…else 嵌套语句判断超重率和超脂肪率，并输出此人属于正常体重、体重超重、轻度肥胖症、中度肥胖症还是重度肥胖症。

具体算法如下。

① 定义 5 个实型变量，分别表示身高、体重、标准体重、超重率和超脂肪率。

② 利用 scanf 函数输入某人的身高、体重和超脂肪率。

③ 根据实例提供的公式依次计算标准体重和超重率。

④ 利用 if…else if 语句和 if…else 嵌套语句判断超重率和超脂肪率。

⑤ 输出此人属于正常体重、体重超重、轻度肥胖症或中度肥胖症等检查结果。

2．项目代码

代码清单 5.13：

```
#include "stdio.h"
main()
{
    //定义身高、体重、标准体重、超重率和超脂肪率变量
    double height,weight,stweight,overweight,fat;
    printf("请输入身高、体重和超脂肪率:");
    scanf("%lf%lf%lf",&height,&weight,&fat);
    stweight=(height-150)*0.6+48;                    //计算标准体重
    printf("标准体重为%lf 公斤\n",stweight);
    overweight=(weight-stweight)/stweight;           //计算超重率
    printf("超重率为%.1lf%%\n",overweight*100);
    if(overweight<0.1)                               //判断超重率<10%
        printf("正常体重!\n");
    else if(overweight<0.2)                          //判断10%≤超重率<20%
        printf("体重超重!\n");
    else if(overweight<0.3)                          //判断20%≤超重率<30%
    {
        if(fat>0.3)                                  //判断超脂肪率>30%
            printf("轻度肥胖症!\n");
    }
    else if(overweight<0.5)                          //判断30%≤超重率<50%
    {
        if(fat>0.35&&fat<=0.45)                      //判断35%<超脂肪率≤45%
            printf("中度肥胖症!\n");
    }
    else                                             //判断超重率≥50%
    {
        if(fat>0.45)                                 //判断超脂肪率>45%
            printf("重度肥胖症!\n");
    }
}
```

进阶案例——ATM 操作界面模拟设计

1. 案例介绍

输入银行卡密码，如果密码正确，则提示选择操作选项，提示按 1 键实现"查询余额"功能，按 2 键实现"取款"功能，按 3 键实现"存款"功能，按 4 键实现"转账"功能，按 5 键实现"打印清单"功能，按 6 键实现"退卡"功能。案例运行结果如图 5.17 所示。如果密码错误则提示"密码错误!"。

图 5.17　案例运行结果

2. 案例分析

利用 switch 选择结构，有选择地执行相应操作，其中，case 1 分支执行"查询余额"操作，case 2 分支执行"取款"操作，case 3 分支执行"存款"操作，case 4 分支执行"转账"操作，case 5 分支执行"打印清单"操作，case 6 分支执行"退卡"操作，如果密码错误则提示"密码错误!"。

具体算法如下。

① 定义两个整型变量，分别用于存储密码和操作选项。

② 利用 scanf 函数输入密码。

③ 利用 if…else 双分支结构判断密码，如果密码正确，则显示 ATM 操作界面，否则提示"密码错误!"。

④ 利用 switch 语句判断操作选项，选择执行相应的 case 分支后面的操作。

3. 项目代码

代码清单 5.14：

```c
#include "stdio.h"
main()
{
  int pwd,select;                              //定义密码和操作选项变量
  printf("请输入银行卡密码:");
  scanf("%d",&pwd);                            //输入密码
```

```
if(pwd==123456)                              //判断密码正确
{
    printf("----------------------------\n");
    printf("   1查询余额              2取款 \n");
    printf("   3存款                 4转账 \n");
    printf("   5打印清单              6退卡 \n");
    printf("----------------------------\n");
    printf("请输入操作选项:");
    scanf("%d",&select);                      //输入操作选项
    switch(select)                            //判断选项
    {
      case 1:printf("查询余额\n");break;      //寻找case入口
      case 2:printf("取款\n");break;
      case 3:printf("存款\n");break;
      case 4:printf("转账\n");break;
      case 5:printf("打印清单\n");break;
      case 6:printf("退卡\n");break;
    }
}
 else                                        //判断密码错误
    printf("密码错误!\n");
}
```

本章小结

本章首先描述了健康状况检查系统设计实例；然后介绍了条件判断表达式、单分支结构、双分支结构和多分支结构，其中多分支结构包括 if 多分支结构和 switch 多分支结构，同时介绍了常见的编译错误与解决办法；最后进行了实例的分析与实现，并通过了结果验证，以及 ATM 操作界面模拟设计进阶案例的分析与实现。其中单分支结构、双分支结构和多分支结构是重点内容，多分支结构是难点内容。

通过对本章的学习，读者应该能够灵活设计关系表达式和逻辑表达式；熟练掌握单分支结构、双分支结构和多分支结构的格式及应用；掌握 if 语句的嵌套结构，并运用本章知识解决实际应用问题。

同步训练

一、选择题

1. 下列运算符中优先级最高的是（　　　）。

  A. || B. ++   C. /   D. !=

C 语言程序设计（第 3 版）（微课版）

2. 以下程序的输出结果是（　　）。

```
main()
{ int a=8,b=6,m=1;
  switch(a%4)
  {
    case 0:m++;break;
    case 1:m++;
       switch(b%3)
       { default: m++;
          case 0:m++; break;
       }
  }
  printf("%d",m);}
```

  A. 1   B. 2   C. 3   D. 4

3. 两次运行下面的程序，如果从键盘上分别输入 3 和 2，则输出结果是（　　）。

```
main()
{ int x;
  scanf("%d",&x);
  if(x++>2) printf("%d",x);
  else printf("%d",x--);
}
```

  A. 4 和 3   B. 4 和 2   C. 4 和 1   D. 3 和 2

4. 以下程序的运行结果是（　　）。

```
main()
{
  int a=-5,b=1,c=1;
  int x=0,y=2,z=0;
  if(c>0) x=x+y;
  if(a<=0)
  {if(b>0)
     if(c<=0) y=x-y;
  }
  else if(c>0) y=x-y;
  else z=y;
  printf("%d,%d,%d", x, y, z);
}
```

  A. 2,2,0   B. 2,2,2   C. 0,2,0   D. 2,0,2

5. 请阅读以下程序：

```
main()
{
  int x=1,y=0,a=0,b=0;
  switch(x)
```

```
{
  case 1:
      switch(y)
      {  case 0:a++; break;
         case 1:b++; break;
      }
  case 2:a++;b++; break;
  }
  printf("a=%d,b=%d",a,b);
}
```

上面程序的输出结果是（　　　）。

  A.　a=2,b=1   B.　a=1,b=0   C.　a=1,b=1   D.　a=2,b=2

6.　判断 char 型变量 c1 是否为小写字母的正确表达为（　　　）。

  A.　'a'<=c1<='z'   B.　c1>=a&&c1<=z

  C.　c1>='a'||c1<='z'   D.　c1>='a'&&c1<='z'

二、填空题

1.　判断一个整数 n 是偶数的表达式是_____。

2.　判断一个字符 ch 是数字的表达式是_____。

3.　已知 a=3、b=4，则表达式!a+b 的值为_____。

4.　以下程序段的功能是：对输入的一个小写字母，将其循环移动 5 个位置后输出。例如，'a'变为'f'，'w'变为'b'，将程序补充完整。

```
main()
{
  char c;
  c=getchar();
  if(c>='a'&&_____)
    c=c+5;
  else
    _____
  putchar(c);
}
```

5.　以下程序的功能是：输入 3 个整数，将其按照从小到大的顺序输出，将程序补充完整。

```
main()
{
  int a,b,c,t;
  scanf("%d%d%d",&a,&b,&c);
  if(_____) {t=a;a=b;b=t;}
  if(a>c) {_____}
  if(_____) {t=b;b=c;c=t;}
```

```
printf("%d %d %d",a,b,c);
}
```

三、程序设计题

1. 编程实现，已知三条边分别为 a、b、c，判断其是否可构成一个三角形。

2. 编程实现，判断某一年份是否为闰年。

3. 有一个函数如下：

$$y=\begin{cases} x & (x<0) \\ 2x-1 & (0\leqslant x<10) \\ 3x-11 & (10\leqslant x<20) \\ 4x+5 & (20\leqslant x<30) \\ 5x-8 & (x\geqslant 30) \end{cases}$$

编程实现，输入 x，输出 y 的值。

技能训练

通过扫码观看视频中的示范操作，进一步巩固条件表达式设计、单分支结构、双分支结构和多分支结构等相关知识，从而提高学习者的程序设计水平，达到学以致用的目的。

操作视频：选择结构程序设计

第 6 章 循环结构程序设计

学习目标

- 掌握 while 语句的格式和使用方法。
- 了解 do while 语句的格式和使用方法。
- 掌握 for 语句的格式和使用方法。
- 掌握 break 和 continue 语句的格式和使用方法。
- 掌握循环结构的嵌套使用方法。
- 掌握循环结构程序设计中常见的编译错误与解决办法。

实例描述——小白兔吃萝卜智力问答

编程实现，小白兔喜欢吃萝卜，从第 1 天开始它每天吃掉原有萝卜的一半，再多吃一个，吃到第 10 天时只剩下一个萝卜，求原来有几个萝卜。实例运行结果如图 6.1 所示。

图 6.1 实例运行结果

知识储备

在日常学习和生活中，人们经常遇到很多有规律的重复性事务，例如班主任每学期统计期末成绩，学生每天做作业，邮递员每天收发邮件，等等。计算机则非常善于处理这样的事务，C 语言提供了 while 语句、do while 语句和 for 语句来实现循环，本章将针对这几种循环语句进行详细讲解。

6.1　while 和 do while 语句

while 和 do while 语句也称为"当"型循环控制语句，它根据条件表达式的值决定循环体内语句的执行次数。while 语句是先判断条件后执行循环体，而 do while 语句是先执行循环体后判断条件。

微课 6-1：while 语句

6.1.1　while 语句

1．while 语句的格式

while 语句的格式为：

```
while(表达式)
{
    循环体；
}
```

其中，表达式是循环条件，可以是任意类型的，常用的是关系表达式或逻辑表达式；循环体由一条或者多条语句组成。

2．执行描述

（1）计算 while 后面的表达式值，如果值为真，则执行步骤（2）；否则跳出循环体，继续执行该结构后面的语句。

（2）执行循环体。

（3）重复执行步骤（1）。

3．while 语句流程图

while 语句流程图如图 6.2 所示。

图 6.2　while 语句流程图

4．说明

（1）循环的结束由 while 后面的表达式控制，循环体中必须有改变循环控制变量值的语句，使循环倾向于结束；否则会出现死循环，无法结束。

（2）循环体如果有一条以上的语句，应该用花括号标识，如果只有一条语句，花括号可以省略。

（3）循环四要素包括循环控制变量初始值、循环条件的设置、循环体的编写和循环控制变量值的变化。

【例6.1】用 while 语句编写程序，实现求 1～100 的累加和。

算法设计如下。

① 定义两个整型变量。

② 初始化两个变量（循环控制变量初始值）。

③ 编写 while 语句（循环条件的设置）。

④ 求和（循环体的编写）。

⑤ 被加数变化（循环控制变量值的变化）。

⑥ 输出累加和。

程序流程图如图 6.3 所示。

图 6.3 【例 6.1】程序流程图

代码清单 6.1：

```c
#include "stdio.h"
main()
{
    int sum,i;
    sum=0;
    i=1;
    while(i<=100)
    {
        sum=sum+i;
        i++;
    }
    printf("sum=%d\n",sum);
}
```

微课 6-2：do while 语句

运行结果："sum=5050"。

6.1.2 do while 语句

1. do while 语句的格式

do while 语句的格式为：

```
do
{
 循环体;
} while(表达式);
```

2. 执行描述

（1）执行循环体。

（2）计算 while 后面的表达式值，如果值为真，则重复执行步骤（1），否则跳出循环体，继续执行该结构后面的语句。

3. do while 语句流程图

do while 语句流程图如图 6.4 所示。

【例 6.2】用 do while 语句编写程序，实现求 1～100 的累加和。

程序流程图如图 6.5 所示。

图 6.4 do while 语句流程图

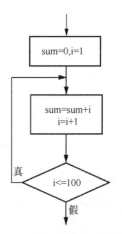

图 6.5 【例 6.2】程序流程图

代码清单 6.2：

```
#include "stdio.h"
main()
{
    int sum,i;
    sum=0;
    i=1;
    do
```

```
    {
            sum=sum+i;
            i++;
    }while(i<=100);
    printf("sum=%d\n",sum);
}
```

运行结果："sum=5050"。

【例 6.3】用 while 语句和 do while 语句实现的程序有何不同？

代码清单 6.3：

```
main()                              main()
{                                   {
    int sum,i;                          int sum,i;
    sum=0;                              sum=0;
    scanf("%d",&i);                     scanf("%d",&i);
    while(i<=10)                        do
    {                                   {
        sum=sum+i;                          sum=sum+i;
        i++;                                i++;
    }                                   }while(i<=10);
    printf("sum=%d\n",sum);             printf("sum=%d\n",sum);
}                                   }
```

运行结果：　　　　　　　　　运行结果：

1✓	1✓
sum=55	sum=55

再一次运行：　　　　　　　　再一次运行：

11✓	11✓
sum=0	sum=11

代码清单 6.3 中的两个程序运行结果在输入 i=1 的时候结果相同，因为第一次判断表达式都符合要求；在输入 i=11 的时候结果不相同，因为第一次判断表达式就不符合要求，while 语句没有执行循环体，而 do while 语句至少执行了一次循环体。

6.2　for 语句

C 语言中的 for 语句使用较为灵活，不仅可以用于循环次数已经确定的情况，也可以用于循环次数不确定的情况，完全可以代替 while 语句。

微课 6-3：for 语句

1. for 语句的格式

for 语句的格式为：

```
for(初始值;条件;增量)
{
```

C 语言程序设计（第 3 版）（微课版）

```
    循环体；
}
```

2. 执行描述

（1）计算初始值（只执行一次）。

（2）判断条件，如果值为真，则执行步骤（3）；否则跳出循环体，继续执行该结构后面的语句。

（3）执行循环体。

（4）计算增量。

（5）重复执行步骤（2）。

3. for 语句流程图

for 语句流程图如图 6.6 所示。

图 6.6　for 语句流程图

4. 说明

（1）循环体如果有一条以上的语句，应该用花括号标识，如果只有一条语句，花括号可以省略。

（2）for 语句中的表达式可以省略任意一个，也可以都省略，但 ";" 不能省略。

【例 6.4】用 for 语句编写程序，实现求 1～100 的累加和。

算法设计如下。

① 定义两个整型变量，其中一个为求和变量。

② 求和变量初始化。

③ 执行 for 语句（设置初始值、条件和增量）。

④ 求和（循环体的编写）。

⑤ 输出累加和。

程序流程图如图 6.7 所示。

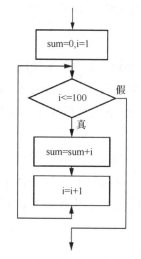

图 6.7 【例 6.4】程序流程图

代码清单 6.4：

```
#include "stdio.h"
main()
{
    int sum,i;
    sum=0;
    for(i=1;i<=100;i++)
        sum=sum+i;
    printf("sum=%d\n",sum);
}
```

运行结果："sum=5050"。

6.3 break 和 continue 语句

当需要在循环体执行过程中提前跳出循环，或者在满足某种条件时不执行循环体中剩下的语句而从头开始下一轮循环时，就要用到 break 或 continue 语句。

6.3.1 break 语句

在 switch 语句中，break 语句可以使程序跳出 switch 语句，继续执行switch 语句后面的语句。除此之外，break 语句还可以用在循环结构中，用来跳出循环体。

微课 6-4：break
语句

1. 格式

break 语句的格式为：

```
break;
```

2. 功能

break 语句的功能是使程序运行时中途退出 switch 语句或者一个循环体。

3. 说明

（1）break 语句不能用在除了 switch 语句和循环语句以外的任何其他语句中。

（2）在嵌套循环结构中，break 语句只能退出包含 break 语句的那层循环体。

【例 6.5】编写程序实现输入一个整数并判断此数是否为素数。

算法分析如下。

素数是只能被 1 和它本身整除的数，例如输入整数 7，因为 7%2!=0、7%3!=0、7%4!=0、7%5!=0、7%6!=0，所以 7 是素数。也就是说判断一个整数 m 是不是素数，要判断 m 能不能被 2 至 m-1 整除，若都不能被整除才说明 m 是素数。

算法设计如下。

① 定义两个整型变量。

② 输入一个整数。

③ 执行 for 语句（设置初始值、条件和增量）。

④ 循环判断该数是否能被整除。

⑤ 输出结果。

代码清单 6.5：

```c
#include "stdio.h"
main()
{
    int  i,m;
    printf("请输入一个整数:");
    scanf("%d",&m);
    for(i=2;i<=m-1;i++)
    {
      if(m%i==0)
          break;
    }
    if(i<=m-1)
      printf("该数不是素数!\n");
    else
      printf("该数是素数!\n");
}
```

输出结果如图 6.8 所示。

图 6.8 【例 6.5】输出结果

6.3.2　continue 语句

1. 格式

continue 语句的格式为：

```
continue;
```

微课 6-5：
continue 语句

2. 功能

continue 语句的功能是提前结束本次循环，即跳过 continue 语句后面未执行的语句，继续进行下一次循环。

3. 说明

（1）continue 语句通常和 if 语句连用，它只能提前结束本次循环，不能使整个循环终止。

（2）continue 语句只对循环结构起作用。

（3）continue 语句在 for 语句中结束本次循环，但 for 语句中的增量仍然执行。

【例 6.6】编写程序实现输出 100～200 不能被 3 整除的数。

算法设计如下。

① 定义一个整型变量。

② 执行 for 语句（设置初始值、条件和增量）。

③ 判断当前数如果能被 3 整除，则执行 continue 语句，进行下一次循环，否则输出当前数。

代码清单 6.6：

```c
#include "stdio.h"
main()
{
    int i;
    for(i=100;i<=200;i++)
    {
        if(i%3==0)
            continue;
        printf("%d ",i);
    }
    printf("\n");
}
```

输出结果如图 6.9 所示。

```
"D:\教学\C语言教材编写\代码\第6章\code6_6\Debug\code6_6.exe"
100 101 103 104 106 107 109 110 112 113 115 116 118 119 121 122 124 125 127 128
130 131 133 134 136 137 139 140 142 143 145 146 148 149 151 152 154 155 157 158
160 161 163 164 166 167 169 170 172 173 175 176 178 179 181 182 184 185 187 188
190 191 193 194 196 197 199 200
Press any key to continue
```

图 6.9　【例 6.6】输出结果

6.4 循环嵌套

如果一个循环结构中包含另一个完整的循环结构，则称为循环嵌套。当内嵌的循环结构中又包含另一个嵌套的循环结构时，称为多重循环。例如下面 4 种形式的循环结构都是合法的循环嵌套。

微课 6-6：循环
嵌套结构

微课 6-7：for 和 while
语句嵌套结构

微课 6-8：while
语句嵌套结构

```
第 1 种:
for()
{
    for()
    {
        ...
    }
}
```

```
第 2 种:
for()
{
    while()
    {
        ...
    }
}
```

```
第 3 种:
while()
{
    while()
    {
        ...
    }
}
```

```
第 4 种:
while()
{
    for()
    {
        ...
    }
}
```

说明：

（1）while 语句和 for 语句可以相互嵌套。

（2）外层循环执行一次，内层循环执行一轮（即执行完自己的循环）。

（3）内层循环控制可以直接引用外层循环的相关变量，但不要轻易改变外层循环控制变量的值。

【例 6.7】编写程序实现输出如下图形。

```
*
**
***
****
```

算法设计如下。

① 定义两个整型变量，一个控制行数，另一个控制*的数量。

② 外层循环语句主要控制行的变化。

③ 内层循环语句主要控制输出*的数量。

④ 每输出一行后要换行。

代码清单 6.7：

```
#include "stdio.h"
main()
{
    int i,j;
    for(i=1;i<=4;i++)
    {
        for(j=1;j<=i;j++)
            printf("*");
        printf("\n");
    }
}
```

输出结果如图 6.10 所示。

图 6.10 【例 6.7】输出结果

6.5 常见编译错误与解决办法

循环结构程序设计过程中常见的错误、警告及解决办法举例如下。

素养拓展 6-1：
大国工匠精神

1. do while 语句后面缺少分号 ";"

代码清单 6.8：

```
#include "stdio.h"
main()
{
    int sum,i;
    sum=0;
    i=1;
    do
    {
        sum=sum+i;
        i++;
```

```
}while(i<=100)
    printf("sum=%d\n",sum);
}
```

错误显示：

```
error C2146: syntax error : missing ';' before identifier 'printf'
```

解决办法：在"while(i<=100)"后面加上";"。

2. for 语句中的增量设置不对

代码清单 6.9：

```
#include "stdio.h"
main()
{
    int sum,i;
    sum=0;
    for(i=1;i<=100;i+1)
            sum=sum+i;
    printf("sum=%d\n",sum);
}
```

警告显示：

```
warning C4552: '+' : operator has no effect; expected operator with side-effect
```

解决办法：将 for 语句中的增量 i+1 改为 i++或者 i=i+1。

3. for 语句中的增量语句后面多了一个分号";"

代码清单 6.10：

```
#include "stdio.h"
main()
{
    int sum,i;
    sum=0;
    for(i=1;i<=100;i++;)
            sum=sum+i;
    printf("sum=%d\n",sum);
}
```

错误显示：

```
error C2143: syntax error : missing ')' before ';'
error C2059: syntax error : ')'
```

解决办法：去掉 for 语句中增量 i++后面的分号";"。

实例分析与实现

1. 实例分析

假设第 1 天有 x 个萝卜，第 2 天有 y 个萝卜，可以推算公式 $y=x/2-1$，得出 $x=(y+1)\times 2$，

也就是说已知某一天有 y 个萝卜，其前一天有 $x=(y+1)×2$ 个萝卜，根据公式，本实例中第 10 天有 1 个萝卜，第 9 天应该有(1+1)×2=4 个萝卜，第 8 天应该有(4+1)×2=10 个萝卜，依此类推，便可求出第 1 天萝卜的个数，具体算法如下。

① 定义两个变量，一个用于存储天数，一个用于存储第 10 天萝卜的个数。

② 输出"第 10 天有 1 个萝卜。"。

③ 用 for 语句控制天数变化。

④ 在循环体中利用公式计算萝卜的个数，并输出结果。

2. 项目代码

代码清单 6.11：

```
#include "stdio.h"
main()
{
    int i,y=1;                              //定义变量：i 为天数，y 为萝卜的个数
    printf("第 10 天有 1 个萝卜。\n");
    for(i=9;i>=1;i--)                       //for 语句控制天数变化
    {
        y=(y+1)*2;                          //计算萝卜个数
        printf("第%d 天有%d 个萝卜。\n",i,y);   //输出结果
    }
}
```

进阶案例——ATM 密码输入控制

1. 案例介绍

在 ATM 界面输入银行卡密码，如果密码正确，循环提示"请输入操作选项:"，其中按 1 键实现"查询余额"功能，按 2 键实现"取款"功能，按 3 键实现"存款"功能，按 4 键实现"转账"功能，按 5 键实现"打印清单"功能，按 6 键实现"退卡"功能；如果前两次密码错误，则提示"密码错误!"，第 3 次密码错误提示"密码错误 3 次，无法输入!"。进阶案例输出结果如图 6.11 所示。

（a）密码正确　　　　　　　　　（b）密码错误

图 6.11　进阶案例输出结果

2．案例分析

首先利用 while 语句控制外循环，即最多输入银行卡密码 3 次，如果密码正确，进入操作界面。利用 while 语句控制内循环，即根据按键执行相应操作，按 1 键执行"查询余额"操作，按 2 键执行"取款"操作，按 3 键执行"存款"操作，按 4 键执行"转账"操作，按 5 键执行"打印清单"操作，按 6 键执行"退卡"操作。如果前两次密码错误则提示"密码错误!"，第 3 次密码错误则提示"密码错误 3 次，无法输入!"。具体算法如下。

① 定义 4 个变量，分别用于保存密码、操作选项、次数和标记。

② 使用 while 语句控制密码最多输入 3 次。

③ 利用 scanf 函数输入银行卡密码。

④ 利用 if 语句判断密码是否正确。

⑤ 若密码正确，则循环显示"请输入操作选项:"，并利用 switch 语句判断操作选项，执行相应操作。当 flag 为 0 时，终止内循环，不再显示"请输入操作选项:"。

⑥ 若密码错误，则判断密码输入次数是否小于 3 次，若小于 3 次，输出"密码错误!"，否则输出"密码错误 3 次，无法输入!"。

⑦ 密码输入次数加 1，直到密码输入超过 3 次。

3．项目代码

代码清单 6.12：

```
#include "stdio.h"
#include "stdlib.h"
main()
{
  int pwd,select,num=1,flag=1;            //定义密码、操作选项、次数、标记变量
  while(num<=3)                           //外循环控制密码最多输入 3 次
  {
      printf("请输入银行卡密码:");
      scanf("%d",&pwd);
      system("cls");                      //清屏
      if(pwd==123456)                     //判断密码是否正确
      {
          while(flag==1)                  //操作选项循环显示
          {
              printf("请输入操作选项:");
              scanf("%d",&select);
              switch(select)              //判断操作选项
              {
                case 1:printf("查询余额\n");break;    //寻找 case 入口
                case 2:printf("取款\n");break;
```

```
            case 3:printf("存款\n");break;
            case 4:printf("转账\n");break;
            case 5:printf("打印清单\n");break;
            case 6:printf("退卡\n");flag=0;  //利用 flag=0 终止 while 内循环
          }
       }
       break;                               //终止 while 内循环
    else                                    //密码错误
    {
       if(num<3)                            //密码输入次数小于 3 次
          printf("密码错误!\n");
       else                                 //密码输入次数等于 3 次
          printf("密码错误 3 次，无法输入!\n");
       num++;                               //统计密码输入次数
    }
  }
}
```

本章小结

　　本章首先描述了小白兔吃萝卜智力问答实例；然后介绍了 while 语句、do while 语句、for 语句、break 语句、continue 语句和循环嵌套，同时介绍了常见的编译错误与解决办法；最后进行了实例的分析与实现，并通过了结果验证，以及 ATM 密码输入控制进阶案例的分析与实现。其中 while 语句、for 语句和 break 语句是重点内容，循环嵌套是难点内容。

　　通过对本章的学习，读者应该能够熟练掌握 while 语句和 do while 语句的格式及使用方法；熟练掌握 for 语句的格式及使用方法；掌握 break 语句和 continue 语句的格式及使用方法；修改编译过程中遇到的编译错误，并运用本章知识解决实际应用问题。

同步训练

一、选择题

1. 语句"while (!e);"中的条件"!e"等价于（　　　）。
   　A. e==0　　　　　　　B. e!=1　　　　　　　C. e!=0　　　　　　　D. ~e
2. 下面有关 for 语句的描述，正确的是（　　　）。
   　A. for 语句只能用于循环次数已经确定的情况
   　B. for 语句是先执行循环体，后判定表达式

C. 在 for 语句中，不能用 break 语句跳出循环体

D. for 语句循环体中，可以包含多条语句，但要用花括号标识

3. 设有程序段 "int k=10; while (k= =0) k=k-1;"，则下面描述中正确的是（　　　）。

A. while 语句执行 10 次　　　　　　　B. 循环是无限循环

C. 循环体一次也不执行　　　　　　　D. 循环体执行一次

4. C 语言中 while 和 do while 语句的主要区别是（　　　）。

A. do while 语句的循环体至少无条件执行一次

B. while 语句的循环控制条件比 do while 语句的循环控制条件严格

C. do while 语句允许从外部转到循环体内

D. do while 语句的循环体不能是复合语句

5. 若 i 和 k 都是 int 型变量，有以下 for 语句。

```
for(i=0,k=-1;k=1;k++) printf("*****\n");
```

下面关于语句执行情况的叙述中正确的是（　　　）。

A. 循环体执行两次　　　　　　　　　B. 循环体执行一次

C. 循环体一次也不执行　　　　　　　D. 构成无限循环

6. "for(i=0; i<=15; i++)　printf("%d", i);" 循环结束后，i 的值为（　　　）。

A. 14　　　　　　B. 15　　　　　　C. 16　　　　　　D. 17

7. 下面程序的运行结果是（　　　）。

```
main()
{
    int i,b,k=0;
    for(i=1;i<=5;i++)
    {
        b=i%2;
        while(--b>=0) k++;
    }
    printf("%d,%d",k,b);
}
```

A. 3,-1　　　　　B. 8,-1　　　　　C. 3,0　　　　　D. 8,-2

8. 下面程序的运行结果是（　　　）。

```
main()
{ int x=1;
  while(x<20)
  {  x=x*x;
     x=x+1;
  }
  printf("%d",x);
}
```

A. 1　　　　　　B. 20　　　　　　C. 25　　　　　　D. 26

9. 以下程序的输出结果是（　　　　）。

```
main()
{
    int i;
    for(i=4;i<=10;i++)
    {
        if(i%3==0) continue;
        printf("%d",i);
    }
}
```

　　A. 45　　　　　　　B. 457810　　　　　C. 69　　　　　　　D. 678910

10. 若 i、j 已定义成 int 型，则以下程序段中内循环体的总执行次数是（　　　　）。

```
for(i=6;i>0;i--)
    for(j=0;j<4;j++){…}
```

　　A. 20　　　　　　　B. 24　　　　　　　C. 25　　　　　　　D. 30

二、填空题

1. C 语言中实现循环结构的控制语句有_____语句、_____语句和_____语句。

2. break 语句在循环体中的作用是_____，continue 语句在循环体中的作用是_____。

3. 如果循环次数在执行循环体之前就已确定，一般用_____语句；如果循环次数是由循环体的执行情况确定的，一般用_____语句或者_____语句。

4. 下面程序运行的结果是_____。

```
main()
{ int k=1,n=263;
  do
    { k*=n%10;
      n/=10;
    }while(n);
  printf("%d\n",k);}
```

5. 下面程序运行的结果是_____。

```
main ( )
{ int a=10,y=0;
  do{
    a+=2; y+=a;
    if(y>50) break;
  }while(a=14);
  printf("a=%d y=%d\n",a,y) ;
}
```

三、程序设计题

1. 编写程序实现输出如下图形。

```
          *
       *  *  *
    *  *  *  *  *
 *  *  *  *  *  *  *
```

2. 编程实现求两个整数的最大公约数，例如 24 和 18 的最大公约数为 6。

3. 编程实现求 Fibonacci 数列第 20 个数，这个数列第 1 个数为 1，第 2 个数为 1，从第 3 个数开始，该数等于前两个数之和，即

$$\begin{cases} F_1 = 1 & (n=1) \\ F_2 = 1 & (n=2) \\ F_n = F_{n-1} + F_{n-2} & (n \geqslant 3) \end{cases}$$

4. 编程实现输出所有的"水仙花数"。所谓"水仙花数"，是指一个 3 位数，其各位数字立方之和等于该数本身。

操作视频：循环
结构程序设计

技能训练

通过扫描二维码观看示范操作视频，进一步巩固 while 语句、for 语句、break 语句和 continue 语句以及循环嵌套等相关知识，从而提高学习者的程序设计水平，达到学以致用的目的。

第 7 章 　数组

学习目标

- 掌握一维数组的定义、初始化及引用方法。
- 掌握冒泡排序法。
- 掌握字符数组的定义、初始化及引用方法。
- 掌握常用字符串处理函数的使用方法。
- 掌握二维数组的定义、初始化及引用方法。
- 掌握 C 语言程序设计中使用数组时常见的编译错误与解决办法。

实例描述——冒泡排序法简单实例

编写程序实现对输入的 10 个实数进行从小到大排序并输出排序结果。假设输入的 10 个实数为"3.5␣2.5␣4.8␣9.7␣6.3␣0.1␣5.8␣8.8␣4.5␣7.2↙",那么输出结果为"0.100,2.500, 3.500,4.500,4.800,5.800,6.300,7.200,8.800,9.700",如图 7.1 所示。

```
⸬ "F:\教学\C语言教材编写\代码\第7章\code7_21\Debug\test.exe"                    _ □ ×
请输入10个实型数据: 3.5 2.5 4.8 9.7 6.3 0.1 5.8 8.8 4.5 7.2
10个实型数据从小到大排序为: 0.100,2.500,3.500,4.500,4.800,5.800,6.300,7.200,8.80
0,9.700,Press any key to continue_
```

图 7.1　实例运行结果

知识储备

在前面的章节中,定义的变量都属于基本数据类型,每个变量都是占用单一的存储空间,当数据比较多的时候,基本的数据类型就不能满足数据存储需要了,因此,C 语言提供了数组类型。本章将针对一维数组、二维数组及字符数组等知识进行讲解。

7.1　数组

前面介绍了 C 语言中最常用的基本数据类型——整型、实型和字符型,在简单的程序设计中,定义一个或几个基本类型的变量来存储和处理数据,完全能够实现程序的功能;

但是，当要处理的数据量很大时，如果还是使用基本类型的变量来存储数据，将会带来很大的麻烦。

假设要处理一个学校中一个年级学生的某门功课的成绩，学生可能多达上千人，如果还是采用基本类型的变量来处理和存储数据，就必须定义上千个变量，这在程序设计中恐怕是不现实的。

C 语言的数据类型——构造类型，可以用来处理和存储更复杂的数据。构造类型也叫导出类型，是由基本的数据类型按照一定的规则组成的。C 语言中的构造类型有数组类型、结构体类型、共用体类型等。本章只介绍数组类型，其他构造类型在后续的章节中会介绍。

数组类型简称数组，是由同一种类型的数据构成的有序集合。简单地说，数组中的所有元素必须是相同类型的数据，使用连续的存储单元按顺序存储每一个数据。

数组按照维数可分为一维数组、二维数组、多维数组；按照数据类型可分为整型数组、实型数组、字符数组等。

微课 7-1：一维数组定义及初始化

7.2 一维数组

7.2.1 一维数组的定义

一维数组是一个用来存放多个相同类型的数据的集合。在 C 语言中，一维数组的定义格式如下。

> 数据类型说明符　数组名[长度]；

说明：

（1）数组的命名必须遵循标识符的命名规则。

（2）数组长度表示数组中元素的个数，必须是整数，常用整型常量或整型常量表达式来表示，不能使用变量或含有变量的表达式来表示。

（3）数组长度必须用方括号标识，不能使用圆括号或其他括号标识。

（4）数据类型说明符指的是数组中所有元素都属于某一种类型，可以是基本类型，如整型、实型、字符型等；也可以是构造类型，如结构体类型、共用体类型等。

（5）数组必须占据一片连续的存储单元，所占总字节数为单个元素所占字节数乘数组长度。数组中的元素通过数组名和索引相结合的方式来区分，索引从 0 开始。

（6）单独使用数组名不能表示数组的某一个元素或所有元素。C 语言规定，数组名等价于数组的首地址，也就是数组中第一个元素的地址，即 "a" 与 "&a[0]" 等价。

【例 7.1】定义一个含有 5 个元素的一维数组，代码应该书写为 "int a[5];"。

这个一维数组的存储空间示意如图 7.2 所示。它表示名为 a 的数组中有 5 个元素，5 个元素分别是 a[0]、a[1]、a[2]、a[3]、a[4]，每个元素都是整型变量，都需要 4 字节来存储，所以数组 a 需要占据 20 字节的存储单元，并且这 20 字节的存储单元在空间上必须是连续的。

需要特别注意的是，最后一个元素表示为 a[4]，不能表示为 a[5]。

图 7.2　一维数组存储空间示意

【例 7.2】int b[3+4];

它表示数组 b 中共有 7 个元素，都是整型变量，分别是 b[0]、b[1]、b[2]、b[3]、b[4]、b[5]及 b[6]。

【例 7.3】int n=10;float c[n];double d[n+1];

这样定义数组 c 和数组 d 是错误的，因为 n 是变量，n+1 是含有变量的表达式，都不能用来表示数组的长度。

【例 7.4】#define N 6

float f[N],g[N-2];

int h['A'];

这样定义数组 f、数组 g、数组 h 都是允许的。N 是符号常量，数组 f 的长度为 6；N-2 是常量表达式，数组 g 的长度为 4；'A'是字符常量，其 ASCII 值为 65，所以数组 h 的长度为 65。

7.2.2　一维数组的初始化

数组中每一个元素的值可以通过赋值语句或输入函数得到，也可以在定义数组的同时给每个元素赋值。C 语言允许在程序运行前给数组元素赋初值，即对数组元素初始化。

【例 7.5】int a[3]={3,1,5};

在定义数组时，把要赋给数组各元素的初值用花括号标识，数据之间用逗号分隔，最后一个数据后面不需要逗号。数组 a 中 a[0]的初值为 3，a[1]的初值为 1，a[2]的初值为 5。

【例 7.6】int b[]={2,7,9,4};

如果在花括号里将数组元素的所有初值都列出来了，则数组的长度可以省略不写。数组 b 包含 2、7、9、4 共 4 个元素，所以数组 b 的长度为 4，b[0]的初值为 2，b[1]的初值为 7，b[2]的初值为 9，b[3]的初值为 4。

【例 7.7】int c[5]={5,2,9};

如果只对数组中的部分元素初始化，则数组的长度不能省略不写，其他没有赋值的元素的初值为 0 或者 0.0。整型数组 c 中 c[0]的初值为 5，c[1]的初值为 2，c[2]的初值为 9，c[3]的初值为 0，c[4]的初值为 0。

【例 7.8】float d[4]={0};

实型数组 d 中的 4 个元素的初值都为 0.0。

微课 7-2：一维数组元素的引用方法

7.2.3　一维数组中元素的引用

一个数组其实就是一组数据，这组数据组成一个集合，这个集合的名称就是数组名，通过数组名和索引相结合的方式可以引用其中的某一个元素。数组元素的引用格式如下。

数组名[索引]

索引为整数，从 0 开始，其最大值为数组长度-1，索引要用方括号标识。

【例 7.9】int b[4]={2,7,9,4};

数组 b 中有 4 个元素，都是 int 型，第 1 个元素为 b[0]，其初值为 2；第 2 个元素为 b[1]，其初值为 7；第 3 个元素为 b[2]，其初值为 9；第 4 个元素为 b[3]，其初值为 4。如果有语句 "b[2]=8;"，那么 b[2]的值就会变为 8。

7.2.4 一维数组程序举例

【例 7.10】输入 10 个学生的某一门功课成绩，求出所有学生该门功课的平均成绩、最高分和最低分。

算法设计：首先定义一个整型数组 a，长度为 10，通过累加求和得到 10 个学生的总成绩，再除以 10 就得到平均成绩。将第一个元素的初值设为最高分，赋值给变量 max，然后 max 分别与后面每一个元素的值进行比较，即可得到最高分。将第一个元素的初值设为最低分，赋值给变量 min，然后 min 分别与后面每一个元素的值进行比较，即可得到最低分。

代码清单 7.1：

```c
#include "stdio.h"
#define N 10
main()
{
    int a[N],i,max,min;
    float ave=0;
    printf("请分别输入%d 个学生的成绩: ",N);
    for(i=0;i<N;i++)
        scanf("%d",&a[i]);
    max=a[0];
    min=a[0];
    for(i=0;i<N;i++)
    {
        ave=ave+a[i];    //累加求总成绩
        if(max<a[i])
            max=a[i];  //循环比较求最高分
        if(min>a[i])
            min=a[i];  //循环比较求最低分
    }
    ave=ave/N;               //求平均成绩
    printf("%d 个学生的平均成绩为%.2f, 最高分为%d, 最低分为%d\n",N,ave,max,min);
```

说明：

（1）ave 为 float 型数据，其值必须初始化为 0.0，在最后一条语句的 printf 函数中使用 %.2f 表示显示 ave 时保留两位小数（四舍五入）。

（2）for(i=0;i<N;i++)

            scanf("%d",&a[i]);

for 语句表示从键盘上给数组中的每个元素分别输入初值，取地址运算符 "&" 不能少。索引 i 从 0 开始，到 N−1 结束。

（3）max 的初值为 a[0]，每次与 a[i]比较，如果 a[i]的值比 max 大，则将 a[i]的值放入 max 中，否则 max 的值不变；循环比较 10 次，即可求出最高分。

（4）min 的初值为 a[0]，每次与 a[i]比较，如果 a[i]的值比 min 小，则将 a[i]的值放入 min 中，否则 min 的值不变，循环比较 10 次，即可求出最低分。

运行代码并输入数据后显示结果如图 7.3 所示。

图 7.3 【例 7.10】显示结果

【**例 7.11**】用冒泡算法对 5 个数进行从小到大排列。

算法设计：首先定义一个整型数组 a，长度为 5，必须将 5 个数进行 4 轮冒泡才能从小到大排列。

① 第一轮找出 5 个数中的最大值，将最大值放在 a[4]中，则其他 4 个数分别放在 a[0]、a[1]、a[2]、a[3]中。

② 第二轮找出剩下 4 个数中的最大值，将最大值放在 a[3]中，则其他 3 个数分别放在 a[0]、a[1]、a[2]中。

③ 第三轮找出剩下 3 个数中的最大值，将最大值放在 a[2]中，则其他两个数分别放在 a[0]、a[1]中。

④ 第四轮找出剩下两个数中的最大值，将最大值放在 a[1]中，则另外 1 个数放在 a[0]中，为最小值。

代码清单 7.2：

```
#include "stdio.h"
main()
{
    int a[5];
    int i,j,t;
    printf("请输入 5 个数：");
    for(i=0;i<=4;i++)
        scanf("%d",&a[i]);
```

```
for(i=0;i<=3;i++)
        for(j=0;j<=3-i;j++)
                if(a[j]>a[j+1])
                {t=a[j];a[j]=a[j+1];a[j+1]=t;}
printf("5 个数从小到大排列为");
for(i=0;i<=4;i++)
        printf("%d,",a[i]);
}
```

说明：

（1）i=0 时进行第一轮的排序，5 个数需要比较 4 次，j 取值可以为 0、1、2、3，表示 a[0]和 a[1]、a[1]和 a[2]、a[2]和 a[3]、a[3]和 a[4]分别进行比较，小值放在前，大值放在后；完成这 4 次比较后，5 个数中的最大值就存放在 a[4]中了。

（2）i=1 时进行第二轮的排序，4 个数需要比较 3 次，j 取值可以为 0、1、2，表示 a[0]和 a[1]、a[1]和 a[2]、a[2]和 a[3]分别进行比较，小值放在前，大值放在后；完成这 3 次比较后，4 个数中的最大值就存放在 a[3]中了。

（3）i=2 时进行第三轮的排序，3 个数需要比较两次，j 取值可以为 0、1，表示 a[0]和 a[1]、a[1]和 a[2]分别进行比较，小值放在前，大值放在后；完成这两次比较后，3 个数中的最大值就存放在 a[2]中了。

（4）i=3 时进行第四轮的排序，两个数需要比较 1 次，j 取值只可以为 0，表示 a[0]和 a[1]进行比较，小值放在前，大值放在后；完成这 1 次比较后，两个数中的最大值就存放在 a[1]中了。剩下的就是最小值，存放在 a[0]中。

（5）for(i=0;i<=4;i++)

printf("%d,",a[i]);

该语句表示将数组中的所有元素都显示出来，每显示一个数据，后面都显示一个逗号，以便与后面的数据隔开。

运行代码并输入数据后显示结果如图 7.4 所示。

图 7.4 【例 7.11】显示结果

7.3 二维数组

前面介绍的数组只有一个索引，称为一维数组，其数组中的元素也称为单索引变量。在实际应用中有时也需要使用二维或多维数组，二维或多维数组中的元素有多个索引，以标识它在数组中的位置，所以也称为多索引变量。C 语言规定，二维或多维数组的每个索引都是从 0 开始计算的。本节只介绍二维数组，多维数组的相关概念及应用可由二维数组类推得到。

7.3.1　二维数组的定义

二维数组定义的一般形式如下。

数据类型说明符 数组名[常量表达式 1][常量表达式 2];

微课 7-3：二维数组定义及初始化

其中，常量表达式 1 表示第一维索引的长度，常量表达式 2 表示第二维索引的长度，长度必须是整型常量或整型表达式。

【例 7.12】int a[2][3];

本例定义了一个二维数组 a，含有 2 行 3 列共 6 个元素，分别是 a[0][0]、a[0][1]、a[0][2]、a[1][0]、a[1][1]、a[1][2]，每个元素都是整型变量。二维数组存储空间示意如图 7.5 所示，每个整型变量占 4 字节的内存空间，所以二维数组 a 需要占连续的 24 字节存储空间。

图 7.5　二维数组存储空间示意

说明：

（1）二维数组中的每个元素都有两个索引，必须分别放在单独的方括号内。

（2）二维数组定义中的常量表达式 1 表示该数组具有的行数，常量表达式 2 表示该数组具有的列数，两个数字的乘积是该数组中元素的个数。

（3）二维数组的存放规律是按行存储。例如数组 a 含有 2 行 3 列共 6 个元素，则先存放 a[0]行，再存放 a[1]行，每行中的 3 个元素也是依次存放的，所以数组元素的排列顺序为 a[0][0]→a[0][1]→a[0][2]→a[1][0]→a[1][1]→a[1][2]。

7.3.2　二维数组的初始化

（1）按行对二维数组中的所有元素初始化。

【例 7.13】int b[3][2]={{1,6},{2,5},{3,4}};

数组 b 的第一行的 2 个元素分别为 1、6，第二行的 2 个元素分别为 2、5，第三行的 2 个元素分别为 3、4。

（2）按存储顺序对二维数组中的所有元素初始化。

【例 7.14】int d[4][3]={1,2,3,4,5,6,7,8,9,10,11,12};

数组 d 的第一行的 3 个元素分别为 1、2、3，第二行的 3 个元素分别为 4、5、6，第三行的 3 个元素分别为 7、8、9，第四行的 3 个元素分别为 10、11、12。

（3）给二维数组所有元素赋初值时，二维数组第一维长度可以省略（编译程序可以计算出长度），但是第二维长度在任何时候都不可省略。

【例 7.15】int array[][3]={1,3,9,2,4,6,5,7,8};

数组 array 中共 9 个元素，所以计算出第一维的长度为 3，即 3 行 3 列共 9 个元素，第一行的 3 个元素分别为 1、3、9，第二行的 3 个元素分别为 2、4、6，第三行的 3 个元素分别为 5、7、8。

（4）对部分元素赋初值。

【例 7.16】int array[2][3]={1,3,9};

数组 array 的第一个元素 array[0][0]为 1，第二个元素 array[0][1]为 3，第三个元素 array[0][2]为 9，其他 3 个元素 array[1][0]、array[1][1]、array[1][2]全部都为 0。

【例 7.17】int array[2][4]={{1,3},{9}};

数组 array 的第一行的 4 个元素依次为 1、3、0、0，第二行的 4 个元素依次为 9、0、0、0。

微课 7-4：二维
数组元素的引用
方法

7.3.3　二维数组中元素的引用

二维数组的元素的引用格式为

数组名[索引][索引]

【例 7.18】int c[5][3];

定义数组 c 含 5 行 3 列共 15 个元素，每个元素有两个索引，索引均为整数，都是从 0 开始的，第一个索引为行索引，最大值为 4；第二个索引为列索引，最大值为 2，索引要用方括号标识。该数组的第一个元素为 c[0][0]、第二个元素为 c[0][1]……最后一个元素为 c[4][2]。

微课 7-5：二维
数组的应用

7.3.4　二维数组程序举例

【例 7.19】有一个 4 行 3 列的矩阵，编程求出该矩阵中的最大值和最小值（要求 12 个数从键盘上输入）。

算法设计如下。

① 首先定义一个数组 a，包含 4 行 3 列共 12 个元素，元素全部为整数。

② 从键盘上输入 12 个整数，分别赋值给第一行的 3 个元素 a[0][0]、a[0][1]、a[0][2]，第二行的 3 个元素 a[1][0]、a[1][1]、a[1][2]，第三行的 3 个元素 a[2][0]、a[2][1]、a[2][2]，第四行的 3 个元素 a[3][0]、a[3][1]、a[3][2]。

③ 将数组 a 的第一个元素分别存放在变量 max 和变量 min 中。

④ 将最大值 max 和最小值 min 分别与数组 a 中 12 个元素一一进行比较，大值存在 max 中，小值存在 min 中，按 4 行 3 列循环 12 次，得到数组中的最大值和最小值。

⑤ 显示该矩阵，即 4 行 3 列 12 个元素。

⑥ 显示矩阵中的最大值和最小值。

代码清单 7.3：

```
#define M 4
```

```
#define N 3
main()
{
    int a[M][N],i,j,max,min;
    printf("请输入%d个数：",M*N);
    for(i=0;i<M;i++)
        for(j=0;j<N;j++)
            scanf("%d",&a[i][j]);
    max=a[0][0];
    min=a[0][0];
    for(i=0;i<M;i++)
        for(j=0;j<N;j++)
        {
            if(max<a[i][j])
                max=a[i][j];
            if(min>a[i][j])
                min=a[i][j];
        }
    printf("该数组显示为\n");
    for(i=0;i<M;i++)
    {
        for(j=0;j<N;j++)
            printf("%5d",a[i][j]);
        printf("\n");
    }
    printf("其中最大值为%d，最小值为%d\n",max,min);
}
```

说明：

（1）for(i=0;i<M;i++)

  for(j=0;j<N;j++)
    scanf("%d",&a[i][j]);

该代码表示从键盘上输入 12 个整数，分别赋值给 4 行 3 列数组 a 的每个元素。i 的取值为 0、1、2、3；j 的取值为 0、1、2。

（2）printf 函数中的"%5d"表示显示的整数如果小于 5 位，则在数字前面补空格。例如整数 5 按"%5d"显示时，前面需要补 4 个空格；整数 42 按"%5d"显示时，前面需要补 3 个空格；而 345789 按"%5d"显示时，由于它是 6 位整数，6 大于 5，所以"%5d"中的 5 失去意义，345789 按实际位数显示，不需要补空格。

（3）for(i=0;i<M;i++)

  {
    for(j=0;j<N;j++)
      printf("%5d",a[i][j]);
    printf("\n");
  }

该代码表示显示 4 行数据，每行 3 个数，每行显示第 3 个数后需要换行后再显示下一行的数据。

运行代码并输入数据后显示结果如图 7.6 所示。

图 7.6 【例 7.19】显示结果

【例 7.20】输出杨辉三角形（要求输出 10 行），显示结果如图 7.7 所示。

图 7.7　杨辉三角形

算法设计如下。

① 首先定义一个数组 a，包含 10 行 10 列共 100 个元素，元素全部为整数，这里只需关心图 7.7 中的三角形矩阵的元素的值。

② 第一列的所有元素全为 1；主对角线上的元素全为 1。

③ 不为 1 的元素的值是前一行中两个元素的和，即 a[i][j]= a[i-1][j-1]+ a[i-1][j]。

代码清单 7.4：

```
#define M 10
main()
{
    int a[M][M],i,j;
    for(i=0;i<M;i++)
        for(j=0;j<=i;j++)
        {
            if(j==0||i==j)
                a[i][j]=1;
            else
                a[i][j]=a[i-1][j-1]+a[i-1][j];
        }
    printf("杨辉三角形显示%d 行为:\n",M);
    for(i=0;i<M;i++)
    {
```

```
        for(j=0;j<=i;j++)
                printf("%6d",a[i][j]);
        printf("\n");
    }
}
```

运行代码并输入数据后显示结果如图 7.8 所示。

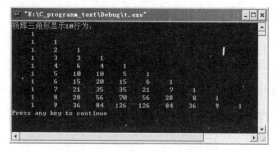

图 7.8 【例 7.20】显示结果

7.4 字符数组

字符数组是用来存放字符型数据的数组。字符数组中的每一个元素存放单个字符，分别占用一个存储单元。

7.4.1 字符数组的定义

字符数组的定义格式与一维数组的定义格式相似，只是其数组元素的数据类型为字符型变量，关键字为 char。

微课 7-6：字符串定义及初始化

【例 7.21】char ch[5];

ch[0]= 'a';ch[1]= '8';ch[2]= '? ';ch[3]= 's';ch[4]=65;

该代码定义 ch 为一个字符数组，其在内存中占用连续 5 字节的存储单元，每个存储单元存放一个字符，数组中的 5 个元素分别为'a'、'8'、'?'、's'、'A'。注意，'8'是字符，不是整数 8；ch[4]的值是 65，其实就是'A'（字符'A'的 ASCII 值为 65）。

7.4.2 字符数组的初始化

字符数组的初始化与前面介绍的一维数组的初始化相似。

【例 7.22】char a[3]={ 's', 't', 'k'};

在定义字符数组时，把要赋给数组各元素的初值用花括号标识，数据之间用逗号分隔，最后一个字符数据后面不需要逗号。数据必须用单引号标识才能表示单个字符，当然也可以用字符的 ASCII 值给元素赋值（字符的 ASCII 值不能用单引号标识）。a[0]的初值为's'，a[1]的初值为't'，a[2]的初值为'k'。

【例 7.23】char b[]={'2', 'u', '?', 'm'};

如果在花括号里将字符数组元素的所有初值都列举出来，则数组的长度可以省略不写。由于字符数组 b 具有'2'、'u'、'?'、'm'共 4 个元素，所以字符数组 b 的长度为 4。

【例 7.24】char c[5]={'5', 's', 'y'};

如果只对字符数组中的部分元素初始化，则数组的长度不能省略，其他没有赋值的元素的初值为'\0'（'\0'是字符串的结束标志，其 ASCII 值为 0）。c[0]的初值为'5'，c[1]的初值为's'，c[2]的初值为'y'，c[3]的初值为'\0'，c[4]的初值为'\0'。

7.4.3 字符数组元素的引用

微课 7-7：字符
数组元素的引用
方法

字符数组元素的引用格式如下。

字符数组名[索引]

索引为整数，从 0 开始，其最大值为数组长度-1，索引要用方括号标识。

【例 7.25】将字符数组中的每个字符都显示出来。

代码清单 7.5：

```c
#include "stdio.h"
main()
{
    char ch[12]={'G','o','o','d',' ','m','o','r','n','i','n','g'};
    int i;
    for(i=0;i<12;i++)
        printf("%c",ch[i]);
    printf("\n");
}
```

运行代码后显示结果如图 7.9 所示。

图 7.9 【例 7.25】显示结果

7.4.4 字符串和字符串结束标志

在 C 语言中，字符串一般使用字符数组来处理。但是需要注意的是，字符数组的长度至少要比字符串的长度多一字节，这是因为字符串结束标志'\0'也要存放在该字符数组中。字符'\0'为空字符（不是空白字符），其 ASCII 值为 0。

【例 7.26】char st[11]={ "a good man"};

char sd[11]= "a good man";

以上两种定义字符数组的方式是等价的，都是将字符串"a good man"存放在字符数组中，但是字符数组的长度至少为 11，因为需要一个字节来存放字符串结束的标志'\0'。字符串必须用双引号标识，外面可以有花括号，也可以省略花括号。

【例 7.27】char a[]="student";

char b[]={'s', 't', 'u', 'd', 'e', 'n', 't'};

以上两种定义字符数组的方式不是等价的，字符数组 a 的长度为 8，包含一个字符串
"student"和字符串结束标志'\0'；字符数组 b 的长度为 7，没有字符'\0'。

微课 7-8：字符
串处理函数

7.4.5 字符串处理函数

C 语言函数库中提供了一些用来处理字符串的函数，这些函数有时可以
给程序设计带来很大的方便，因此有必要掌握一些常用的字符串处理函数。

1. 字符串输出函数 puts

字符串输出函数 puts 来自头文件 stdio.h，其作用是在显示器上显示一个字符串（存储
单元中以'\0'结束的字符序列）。其一般形式为：

```
puts(字符数组名);
```

【例 7.28】puts 函数应用举例。

代码清单 7.6：

```
#include "stdio.h"
main()
{
    char a[11]="a good man";
    puts(a);
}
```

运行代码后显示结果如图 7.10 所示。

图 7.10 【例 7.28】显示结果

2. 字符串输入函数 gets

字符串输入函数 gets 来自头文件 stdio.h，其作用是从键盘上接收一个字符串，将其存
放在字符数组中，最后在字符串末尾自动加上结束标志'\0'。其一般形式为：

```
gets(字符数组名);
```

注意：输入字符串的字符个数不能超过字符数组的长度（数组中必须至少留下一字节
存放'\0'），否则 C 程序不会自动停止读取字符，这样会出现意想不到的结果。

【例 7.29】gets 函数应用举例。

代码清单 7.7：

```
#include "stdio.h"
main()
```

```
{
    char a[11];
    printf("请输入一个字符串: ");
    gets(a);
    printf("该字符串显示为:");
    puts(a);
}
```

运行代码并输入数据后显示结果如图 7.11 所示。

当然也可以用 scanf 函数来输入字符串，但是 "gets(a);" 与 "scanf("%s",a);" 不完全等价，有一些微小的区别。"scanf("%s",a);" 接收字符串时，是将从第一个非空白字符开始，到下一个空白字符结束前的这些字符存放在数组中，末尾自动加上结束标志'\0'；而 "gets(a);" 接收字符串时，是将空白字符当作普通的字符来接收的。

图 7.11 【例 7.29】显示结果

【例 7.30】scanf 函数应用举例。

代码清单 7.8:

```
#include "stdio.h"
main()
{
    char a[11];
    printf("请输入一个字符串: ");
    scanf("%s",a);
    printf("该字符串显示为");
    puts(a);
}
```

运行代码并输入数据后显示结果如图 7.12 所示。

图 7.12 【例 7.30】显示结果

3. 字符串连接函数 strcat

字符串连接函数 strcat 来自头文件 string.h，其作用是把如下的字符数组 2 中的字符串连接到字符数组 1 中的字符串后面，字符数组 1 后的字符串结束标志被字符数组 2 的第一个字符覆盖，新字符串末尾自动加上结束标志'\0'。其一般形式为：

```
strcat(字符数组 1 名,字符数组 2 名);
```

注意： 连接后的新字符串存放在字符数组 1 中，新字符串的长度不能超过字符数组 1 的长度。

【例 7.31】strcat 函数应用举例。

代码清单 7.9：

```
#include "stdio.h"
#include "string.h"
main()
{
    char a[20],b[20];
    printf("请输入第一个字符串: ");
    gets(a);
    printf("请输入第二个字符串: ");
    gets(b);
    strcat(a,b);
    printf("字符串分别为\n");
    puts(a);
    puts(b);
}
```

运行代码并输入数据后显示结果如图 7.13 所示。

图 7.13　【例 7.31】显示结果

4. 字符串复制函数 strcpy

字符串复制函数 strcpy 的作用是把如下的字符数组 2 中的字符串复制到字符数组 1 中，从字符数组 1 中的第一个位置开始存储，即使字符数组 1 中原先有字符，也会被覆盖，字符串复制后，在复制的字符串末尾自动加上结束标志'\0'。其一般形式为：

```
strcpy(字符数组 1 名,字符数组 2 名);
```

注意： 复制的字符串的长度不能超过字符数组 1 的长度，字符数组 2 也可以是字符串常量。

【例 7.32】char a[20];

```
strcpy(a, "zhangfei");
```

该代码是将字符串 zhangfei 复制到字符数组 a 中，其实就是将字符串 zhangfei 赋值给字符数组 a。

【例 7.33】strcpy 函数应用举例。

代码清单 7.10：

```c
#include "stdio.h"
#include "string.h"
main()
{
    char a[20],b[20];
    printf("请输入第一个字符串: ");
    gets(a);
    printf("请输入第二个字符串: ");
    gets(b);
    strcpy(a,b);
    printf("字符串分别为\n");
    puts(a);
    puts(b);
}
```

运行代码并输入数据后显示结果如图 7.14 所示。

图 7.14 【例 7.33】显示结果

5. 字符串比较函数 strcmp

字符串比较函数 strcmp 来自头文件 string.h，其作用是按 ASCII 值依次比较两个数组中的字符串，并返回一个值。其一般形式为：

```c
strcmp(字符数组 1 名,字符数组 2 名);
```

（1）字符串 1=字符串 2，返回值为 0。

（2）字符串 1>字符串 2，返回值>0。

（3）字符串 1<字符串 2，返回值<0。

【例 7.34】strcmp 函数应用举例。

代码清单 7.11：

```c
#include "stdio.h"
#include "string.h"
main()
```

```
{
    char a[20],b[20]="a1b2c3d4";
    int i;
    printf("请输入一个密码: ");
    gets(a);
    i=strcmp(a,b);
    if(i==0)
        printf("密码正确\n");
    else
        printf("密码不正确\n");
}
```

运行代码并输入数据后显示结果如图 7.15 所示。

图 7.15 【例 7.34】显示结果

6. 求字符串实际字符个数函数 strlen

求字符串实际字符个数函数 strlen 来自头文件 string.h，其作用是求字符数组中字符串的实际字符个数（不包括字符串结束标志'\0'），并返回该值。其一般形式为：

```
strlen(字符数组名);
```

注意：字符数组中字符串的实际字符个数与字符数组的长度是两个不同的概念。

【例 7.35】strlen 函数应用举例。

代码清单 7.12：

```
#include "stdio.h"
#include "string.h"
main()
{
    char a[20];
    int i,j;
    printf("请输入一个字符串: ");
    gets(a);
    i=strlen(a);
    j=sizeof(a);
    printf("字符数组 a 中存放了%d 个实际字符，数组 a 在内存中占据%d 个存储单元\n",i,j);
}
```

运行代码并输入数据后显示结果如图 7.16 所示。

图 7.16 【例 7.35】显示结果

7. 字符串中大写字母转换小写字母函数 strlwr

字符串中大写字母转换小写字母函数 strlwr 来自头文件 string.h，其作用是将字符数组中字符串的大写字母转换成小写字母，其他字符不变。其一般形式为：

```
strlwr(字符数组名);
```

【例 7.36】strlwr 函数应用举例。

代码清单 7.13：

```
#include "stdio.h"
#include "string.h"
main()
{
    char a[20];
    printf("请输入一个字符串：");
    gets(a);
    strlwr(a);
    printf("字符串转换后：");
    puts(a);
}
```

运行代码并输入数据后显示结果如图 7.17 所示。

图 7.17 【例 7.36】显示结果

8. 字符串中小写字母转换大写字母函数 strupr

字符串中小写字母转换大写字母函数 strupr 来自头文件 string.h，其作用是将字符数组中字符串的小写字母转换成大写字母，其他字符不变。其一般形式为：

```
strupr (字符数组名);
```

【例 7.37】strupr 函数应用举例。

代码清单 7.14：

```
#include "stdio.h"
#include "string.h"
```

```
main()
{
    char a[20];
    printf("请输入一个字符串: ");
    gets(a);
    strupr(a);
    printf("字符串转换后: ");
    puts(a);
}
```

运行代码并输入数据后显示结果如图 7.18 所示。

图 7.18 【例 7.37】显示结果

7.4.6　字符数组程序举例

【例 7.38】从键盘上输入一串字符，将字符串里的小写字母转换成大写字母，其他字符不变并全部显示出来（不使用库函数中的 strupr 函数）。

算法设计：首先定义一个字符数组 a，长度尽量大一些，设置为 100，从键盘上输入一个字符串并将其存放在数组 a 中，然后依次判断字符串中的每个字符，如果为小写字母，则转换成大写字母；如果为其他字符，则不变，直到字符串结束为止。

代码清单 7.15：

```
#include "stdio.h"
#define N 100
main()
{
    char a[N];
    int i;
    printf("请输入一个字符串: ");
    gets(a);
    for(i=0;a[i]!='\0';i++)
    {
        if((a[i]>='a')&&(a[i]<='z'))
            a[i]=a[i]-32;
    }
    printf("字符串小写转换大写后显示为\n");
    puts(a);
}
```

运行代码并输入数据后显示结果如图 7.19 所示。

图 7.19 【例 7.38】显示结果

说明：

（1）a[i]!= '\0'表示 a[i]中的字符不是'\0'，也就是说字符串还没有结束。

（2）"(a[i]>='a')&&(a[i]<='z')"与 "(a[i]>=97)&&(a[i]<=97+25)"等价，表示 a[i]为小写字母。

（3）"a[i]=a[i]-32"表示将小写字母转换成大写字母，因为小写字母的 ASCII 值比大写字母的 ASCII 值大 32。

【例 7.39】从键盘上输入一串字符,求字符串中实际字符个数(不使用库函数中的 strlen 函数)。

算法设计：首先定义一个字符数组 a，长度尽量大一些，设为 100，从键盘上输入一个字符串并将其存放在数组 a 中，然后依次判断字符串中的每个字符，如果不是'\0'（即实际字符），则个数 sum 自加 1，直到字符串结束为止。

代码清单 7.16：

```
#include "stdio.h"
#define N 100
main()
{
    char a[N];
    int i,sum=0;
    printf("请输入一个字符串: ");
    gets(a);
    for(i=0;a[i]!='\0';i++)
        sum++;
    printf("字符串中实际字符个数为%d\n",sum);
}
```

运行代码并输入数据后显示结果如图 7.20 所示。

图 7.20 【例 7.39】显示结果

说明：

（1）"a[i]!= '\0'" 表示 a[i]中的字符不是'\0'，也就是说字符串还没有结束。

（2）空白字符也是实际字符。

7.5　常见编译错误与解决办法

数组的程序设计过程中常见的错误、警告及解决办法举例如下。

1. 数组元素索引超过了数组长度-1。

代码清单 7.17：

```c
#include "stdio.h"
main()
{
    int a[5]={5,6,7,8,9};
    int i;
    for(i=0;i<=5;i++)
        printf("%d,",a[i]);
}
```

编译调试没有错误和警告，如下所示：

```
code7_17.exe - 0 error(s), 0 warning(s)
```

运行程序，结果中出现莫名其妙的数据，如图 7.21 所示。输出的数据中出现了一个非法数据 1245120。

图 7.21　代码清单 7.17 显示结果

解决办法：将 for 语句的循环条件改为 i<=4 或 i<5。

2. 数组初始化时，列举出的数据的个数大于数组的长度

代码清单 7.18：

```c
#include "stdio.h"
main()
{
    int a[5]={5,6,7,8,9,10};
    int i;
    for(i=0;i<5;i++)
        printf("%d,",a[i]);
}
```

错误显示：

```
error C2078: too many initializers
```

解决办法：在数组初始化时去掉多余的初值，如改成"int a[5]={5,6,7,8,9};"。

3. 先定义数组，后进行初始化

代码清单 7.19：

```
#include "stdio.h"
main()
{
    int a[5];
    int i;
    a[5]={5,6,7,8,9};
    for(i=0;i<5;i++)
            printf("%d,",a[i]);
}
```

错误显示：

```
error C2059: syntax error : '{'
```

解决办法：定义数组的同时进行初始化，改为"int a[5]={5,6,7,8,9};"。

4. 在输入字符串时，字符的个数超过了字符数组的长度

代码清单 7.20：

```
#include "stdio.h"
main()
{
    char a[5];
    printf("请输入一个字符串：");
    scanf("%s",a);
    printf("该字符串显示为");
    printf("%s\n",a);
}
```

编译调试没有错误和警告，如下所示：

```
code7_20.exe - 0 error(s), 0 warning(s)
```

在运行程序输入字符串"abcde12345"后，会弹出"应用程序错误"的提示对话框，如图 7.22 所示。

图 7.22　代码清单 7.20 显示结果

解决办法：将字符数组的长度定义大一些，如将长度 5 改为 50。

实例分析与实现

1. 实例分析

首先，定义一个数组 a，长度为 10，其元素全部为实型数据。然后，采用 scanf 函数输入 10 个实数，并依次存放在数组 a 中。再利用冒泡排序法循环 9 轮，每轮分别比较 9、8、7、6、5、4、3、2、1 共计 45 次，可实现数据从小到大排列。最后，循环 10 次，采用 printf 函数输出排序后的结果，注意数据与数据之间的间隔。具体算法如下。

① 定义一个包含 10 个元素的实型数组。

② 利用 for 语句为数组赋值。

③ 利用嵌套循环进行从小到大排列。

④ 利用 for 语句输出排序后的结果。

2. 项目代码

代码清单 7.21：

```
#include "stdio.h"
#define N 10
main()
{
    float a[N],t;
    int i,j;
    printf("请输入%d 个实型数据: ",N);
    for(i=0;i<N;i++)
        scanf("%f",&a[i]);
    for(i=0;i<N-1;i++)
        for(j=0;j<N-1-i;j++)
            if(a[j]>a[j+1])
            {t=a[j];a[j]=a[j+1];a[j+1]=t;}
    printf("%d 个实型数据从小到大排序为:",N);
    for(i=0;i<N;i++)
        printf("%.3f,",a[i]);//显示数据时保留 3 位小数，数据与数据之间用逗号隔开
}
```

3. 实例拓展

将 10 个数改成 15 个数进行冒泡排序，如何修改程序？

进阶案例——统计字符串中各类字符的数量

1. 案例介绍

从键盘上输入一个字符串，分别统计其中字母、数字和其他字符的个数并输出结果。

2．案例分析

首先，定义一个字符数组 a，长度尽量大一些，设为 100。然后，采用 gets 函数从键盘上输入一个字符串，将其存放在数组 a 中。再利用循环语句判断字符串中的每一个字符分别是字母、数字还是其他字符，并进行计数。最后，将统计的 3 种数据类型字符个数用printf 函数显示出来，适当添加提示信息。具体算法如下。

① 定义一个字符数组和 4 个变量，分别用于存储字符串、控制字符数组索引变化、存储各类型字符个数。

② 利用 gets 函数为数组赋值。

③ 利用 for 语句读取每一个数组元素。

④ 利用 if…else if 多分支结构判断各种字符，并对相应的变量进行加 1 操作。

⑤ 循环结束，输出各类型字符个数。

3．项目代码

代码清单 7.22：

```c
#include "stdio.h"
#define N 100
main()
{
    char a[N];
    int i,s1=0,s2=0,s3=0;
    printf("请输入一个字符串：");
    gets(a);
    for(i=0;a[i]!='\0';i++)
    {
        if(((a[i]>='a')&&(a[i]<='z'))||((a[i]>='A')&&(a[i]<='Z')))
            s1++;
        else if((a[i]>='0')&&(a[i]<='9'))
            s2++;
        else
            s3++;
    }
    printf("该字符串中字母为%d个，数字为%d个，其他字符为%d个。\n",s1,s2,s3);
}
```

4．运行结果

进阶案例运行结果如图 7.23 所示。

图 7.23　进阶案例运行结果

5. 案例拓展

从键盘上输入一个字符串，分别统计其中大写字母、小写字母、数字和其他字符的个数并输出结果。

本章小结

本章首先描述了冒泡排序法简单实例；然后介绍了数组的概念、一维数组、二维数组和字符数组，特别是字符串的定义及处理函数，同时介绍了常见的编译错误与解决办法；最后进行了实例的分析与实现，并通过了结果验证，以及统计字符串中各类字符的数量进阶案例的分析与实现。其中一维数组和字符数组的定义、初始化、元素引用及程序举例是重点内容，二维数组的定义、初始化、元素引用及程序举例是难点内容。

通过对本章的学习，读者应该能够熟练掌握一维数组和字符数组的定义、初始化、元素引用；熟练掌握字符串的处理函数；理解二维数组的定义、初始化及元素引用；调试编译过程中遇到的编译错误，并运用本章知识解决实际应用问题。

同步训练

一、选择题

1. 关于数组元素类型的说法，下列哪一项是正确的？（　　　）
   A. 必须是整数类型　　　　　　　　　B. 必须是整型或实型
   C. 必须是相同数据类型　　　　　　　D. 可以是不同数据类型

2. 下列关于输入/输出字符串的说法哪一项是正确的？（　　　）
   A. 使用 gets 函数输入字符串时，应在字符串末尾输入 "\0"
   B. 使用 puts 函数输出字符串时，输出结束会自动换行
   C. 使用 puts 函数输出字符串时，当输出 "\n" 时才换行
   D. 使用 printf 函数输出字符串时，输出结束会自动换行

3. 在下列叙述中，错误的是（　　　）。
   A. C 语言中，二维数组或多维数组是按行存放的
   B. 赋值表达式 "b[1][2]=a[2][3]" 是正确的
   C. "char a[1]; a[0]='A'" 与 "int a[1];a[0]='A'" 等价
   D. 数组名后的方括号内可以为常量表达式，也可以是变量

4. 以下不正确的定义语句是（　　　）。
   A. double x[5]={1.0,2.0,3.0,4.0,5.0};　　　B. int y[5]={0,1,2,3,4,5};
   C. char c1[]={'1','2','3','4','5'};　　　　　D. char c2[]={'a','b','c'};

5. 程序：

```
main()
{char str[12];
```

```
    scanf("%s",&str);
    printf("%s\n",str);
    }
```

运行上面的程序，输入字符串"how are you"，则程序的执行结果是（   ）。

    A．how   B．how are you   C．h   D．howareyou

6．下列数组定义中错误的是（   ）。

    A．int x[][3]={0};   B．int x[2][3]={{1,2},{3,4},{5,6}};

    C．int x[][3]={{1,2,3},{4,5,6}};   D．int x[2][3]={1,2,3,4,5,6};

7．程序：

```
#include "string.h"
main()
{char str[]="abcd\n\123\xab";
 printf("%d",strlen(str));
 }
```

运行后的输出结果是（   ）。

    A．10   B．9   C．7   D．14

8．若已包括头文件"stdio.h"和"string.h"，运行如下程序的输出结果是（   ）。

```
char s1[10]="12345",s2[10]="089",s3[]="67";
strcat(strcpy(s1,s2),s3);
puts(s1);
```

    A．08967   B．0894567   C．089567   D．089123

9．有定义语句"int b; char c[10];"，则正确的输入语句是（   ）。

    A．scanf("%d%s",&b,&c);   B．scanf("%d%s",&b,c);

    C．scanf("%d%s",b,c);   D．scanf("%d%s",b,&c);

10．有以下程序段：

```
int j;  float y; char name[50];
scanf("%2d%f%s",&j,&y,name);
```

执行上述程序段，从键盘上输入"55566 7777abc"后，y 的值为（   ）。

    A．55566.0   B．566.0   C．7777.0   D．56677.0

二、填空题

1．若定义数组"float price[20];"，则该数组占内存空间大小为_____。

2．如果定义数组"int a[5];"，说明数组中共有_____个元素，数组元素 a[3]表明该元素是数组中的第_____个元素。

3．字符串结束标志是_____。

4．以下程序的输出结果是_____。

```
#include "stdio.h"
main()
```

```
{
    int a[8]={2,3,4,5,6,7,8,9};
    int i,r=1;
    for(i=0;i<=3;i++)
        r=r*a[i];
    printf("%d\n",r);
}
```

5. 以下程序实现输入 10 个数，找出其中的最大值。将程序补充完整。

```
#include "stdio.h"
main()
{
    int i,max,a[10];
    printf("请输入 10 个数：");
    for(i=0;i<10;i++)
        scanf("%d",_____);
    max=a[0];
    for(i=0;i<10;i++)
        if(a[i]>max)_____;
    printf("最大值：%d",max);
}
```

三、程序设计题

1. 编写程序，定义一个数组存放 10 个学生的分数，计算并输出平均分和及格率。

2. 编写程序，判断一个字符串是否是回文字符串，并输出判断结果。（回文字符串是顺读和倒读都一样的字符串。）

3. 编写程序，定义一个二维数组 a[4][3]，赋值后找出其中的最大和最小值，并指出它们所在的行号和列号。

4. 编写程序，将字符数组 s2 中的全部字符复制到字符数组 s1 中。（不用 strcpy 函数，复制时'\0'也要复制过去，'\0'后面的字符不复制。）

操作视频：一维
数组的应用

技能训练

通过扫描二维码观看示范操作视频，进一步巩固一维数组、字符数组和字符串等相关知识，从而提高学习者程序设计水平，达到学以致用的目的。

操作视频：字符
数组的应用

第 8 章 函数

 学习目标

- 掌握函数的定义及一般调用形式。
- 掌握函数的嵌套调用和递归调用方法。
- 掌握数组作为函数参数的应用。
- 掌握函数中变量的存储类别及作用域。
- 掌握内部函数与外部函数的区别。
- 掌握函数程序设计过程中常见的编译错误与解决办法。

实例描述——模拟 ATM 存取款操作

输入银行卡密码，如果密码正确，则显示操作界面，循环提示"请输入操作选项："，其中输入 1 实现"查询余额"功能，输入 2 实现"取款"功能，输入 3 实现"存款"功能，输入 4 实现"退卡"功能，输入 5 实现"返回"功能；如果密码错误，则提示"密码错误，请重新输入！"。操作界面及相关操作结果如图 8.1～图 8.4 所示。

图 8.1　界面

图 8.2　查询余额

图 8.3　取款

图 8.4　存款

知识储备

随着程序功能的增多，main 函数中的代码越来越多，导致 main 函数中的代码复杂、可读性差、不易维护。解决的办法就是将功能相同的代码提取出来，将这些代码模块化，在程序需要时直接调用。本章将针对函数的相关知识进行详细的讲解。

8.1 函数概述

函数是 C 语言程序的基本模块，用户可把自己的算法编成一个个相对
独立的函数模块，然后用调用的方法来使用函数，实现特定的功能。由于
采用了函数模块式的结构，所以 C 语言易于实现结构化程序设计，该设计可以使程序的层次结构清晰，便于程序的编写、阅读、调试。main 函数是主函数，它可以调用其他函数，而不允许被其他函数调用。因此，C 程序的执行总是从 main 函数开始的，完成对其他函数的调用后再返回到 main 函数，最后由 main 函数结束整个程序。

微课 8-1：函数
概述及分类

在 C 语言中可从不同的角度对函数分类，从函数定义的角度看，函数可分为库函数和用户自定义函数两种。

1. 库函数

由 C 语言提供，用户无须定义，也不必在程序中做类型说明，只需在程序开头包含该函数原型的头文件，即可在程序中直接调用。例如前面各章中用到的 printf、scanf、getchar、putchar、gets、puts 等函数，应用时都需要加上头文件"stdio.h"。C 语言提供了很多库函数，具体见附录 C。

【例 8.1】求 $\sqrt{x}$ 的值。

代码清单 8.1：

```c
#include "stdio.h"
#include "math.h"
main()
{
    int x;
    double y;
    scanf("%d",&x);
    y=sqrt(x);
    printf("%lf\n",y);
}
```

运行结果：输入 5，输出 2.236068。

说明：

一定要加头文件"math.h"，math.h 是数学头文件，sqrt 函数包含在其中，其功能是开方。

2. 自定义函数

自定义函数是由用户按需要自己编写的函数。对于用户自定义函数，不仅要在程序中定义函数本身，而且要先在主调函数模块中对该被调函数进行类型说明，然后才能使用。本章主要介绍自定义函数的定义和调用方法。

微课 8-2：无参数无类型函数

8.2 函数定义

根据自定义函数是否有返回值和是否有参数，通常将函数定义分为以下 4 种形式。

1. 无返回值无参数定义形式

无返回值无参数定义形式为：

```
void 函数名( )
{
    函数体;
}
```

其中 void 和函数名称为函数头。函数名是由用户定义的标识符，函数名后有一对圆括号，其中无参数，但圆括号不可少。{}中的内容称为函数体。在很多情况下函数都不要求有返回值和参数，此时函数类型说明符可以写为 void，void 代表函数无类型，即无返回值。例如：

```
void Hello()
{
    printf("Hello world!\n");
}
```

这里，只把 main 改为 Hello 作为函数名，其余不变。Hello 函数就是一个无返回值无参数的自定义函数，当被其他函数调用时，输出字符串“Hello world!”。

微课 8-3：有参数无类型函数

2. 无返回值有参数定义形式

无返回值有参数定义形式为：

```
void 函数名(形式参数列表)
{
    函数体;
}
```

有参函数比无参函数多了一个内容，即形式参数列表，其中给出的参数称为形式参数（简称形参），它们可以是各种类型的变量，各参数之间用逗号分隔。在进行函数调用时，主调函数将赋予这些形参实际的值。形参是变量，必须在形式参数列表中给出形参的类型说明符。

【例 8.2】求两个整数的和（利用无返回值有参数形式）。

代码清单 8.2：

```
void sum(int a,int b)
{
    int s;
    s=a+b;
    printf("s=%d\n",s);
}
```

这里，形参为 a、b，均为整型变量。a、b 的具体值是由主调函数在调用自定义函数时传送过来的。程序中只需考虑计算求和后输出结果。

3. 有返回值无参数定义形式

有返回值无参数定义形式为：

```
类型说明符 函数名( )
{
    函数体；
    return 表达式；
}
```

微课 8-4：无参数有类型函数

类型说明符指明了函数的类型，函数的类型实际上是函数返回值的类型。return 语句的作用是把表达式的值作为函数的值返回给主调函数。有返回值的函数中至少应有一条 return 语句。

【例 8.3】求两个整数的和（利用有返回值无参数形式）。

代码清单 8.3：

```
int sum()
{
    int a,b,s;
    scanf("%d%d",&a,&b);
    s=a+b;
    return s;
}
```

代码第一行说明 sum 函数是一个整型函数，其返回的函数值是一个整数。sum 函数体中的 return 语句的作用是把 a 和 b 的和 s 作为函数的值返回给主调函数，在此不需要输出。

4. 有返回值有参数定义形式

有返回值有参数定义形式为：

```
类型说明符 函数名(形式参数列表)
{
    函数体；
```

微课 8-5：有参数有类型函数

```
    return 表达式;
}
```

【例 8.4】求两个整数的和（利用有返回值有参数形式）。

代码清单 8.4：

```
int sum(int a,int b)
{
    int s;
    s=a+b;
    return s;
}
main()
{
    int x,y,z;
    scanf("%d%d",&x,&y);
    z=sum(x,y);
    printf("z=%d\n",z);
}
```

运行结果：输入"2 3↙"，输出"z=5"。

在 C 程序中，一个函数的定义语句块可以放在任意位置，它既可放在主函数之前，也可放在主函数之后。

代码清单 8.5：

```
main()
{
    int sum(int a,int b);
    int x,y,z;
    scanf("%d%d",&x,&y);
    z=sum(x,y);
    printf("z=%d\n",z);
}
int sum(int a,int b)
{
    int s;
    s=a+b;
    return s;
}
```

运行结果：输入"2 3↙"，输出"z=5"。

现在从函数定义、函数说明及函数调用的角度来分析整个程序，程序的第 9 行至第 14 行为 sum 函数定义。进入主函数后，因为准备调用 sum 函数，故先对 sum 函数进行说明（程序第 3 行）。函数定义和函数说明并不是一回事儿，本书后面还会专门讨论。从程序中可以看出，函数说明与函数定义中的函数头相同，但是函数说明末尾要加分号。程序第 6 行调用 sum 函数，并把实参 x、y 中的值分别传送给 sum 函数的形参 a、b。sum 函数执行的结果 s 将返回给变量 z，最后由主函数输出 z 的值。

8.3 函数调用

素养拓展 8-1：
团队合作精神

在函数调用时，一般主调函数和被调函数之间有数据传递，这是通过参数和 return 语句来实现的。

8.3.1 形参和实参

函数的参数分为形参（形式参数）和实参（实际参数）两种。形参出现在函数定义中，在整个函数体内都可以使用，离开该函数则不能使用；实参出现在主调函数中，进入被调函数后，实参不能使用。形参和实参的功能是进行数据传送，发生函数调用时，主调函数把实参的值传送给被调函数的形参，从而实现主调函数向被调函数的数据传送。函数的形参和实参具有以下特点。

（1）形参只有在函数被调用时才分配内存单元，在函数调用结束时释放所分配的内存单元。因此，形参只在函数内部有效，函数调用结束返回主调函数后则不能再使用形参。

（2）实参可以是常量、变量、表达式、函数等，无论是何种类型的量，在进行函数调用时，它们都必须具有确定的值，以便把这些值传送给形参。因此应预先用赋值、输入等办法使实参获得确定值。

（3）实参和形参在数量、类型和顺序上应严格一致，否则会发生类型不匹配的错误。

（4）函数调用中发生的数据传送是单向的，即只能把实参的值传送给形参，而不能把形参的值反向地传送给实参。因此在函数调用过程中，会存在形参的值发生改变，而实参中的值不会变化的情况。形参和实参值传递示意如图 8.5 所示。

图 8.5 形参和实参值传递示意

8.3.2 函数值

函数值是指函数被调用之后，执行函数体中的程序段所取得的并返回给主调函数的值。如【例 8.4】中调用 sum 函数取得两数之和。对函数值有以下说明。

（1）函数值只能通过 return 语句返回给主调函数。

return 语句的一般形式为：

```
return 表达式;
```

或者为：

```
return (表达式);
```

该语句的功能是计算表达式的值，并将其返回给主调函数。函数中允许有多条 return 语句，但每次调用只能有一条 return 语句被执行，因此只能返回一个函数值。

（2）函数值的类型和函数定义中函数的类型应保持一致。如果两者不一致，则以函数类型为准，自动进行类型转换。

（3）若函数值为整型，在函数定义时可以省去类型说明符。

（4）不返回函数值的函数，可以明确定义为"空类型"，类型说明符为"void"。一旦函数被定义为空类型，就不能在主调函数中使用被调函数的函数值。如【例 8.2】中函数 sum 并不向主调函数返回函数值。

8.3.3 函数调用形式

1. 函数调用的一般形式

前面已经说过，在程序中是通过对函数的调用来执行函数体的。对无参函数，调用时则无实参列表。实参列表中的参数可以是常数、变量或其他构造类型数据及表达式等，各实参之间用逗号分隔。

C 语言中，函数调用的一般形式为：

函数名 (实际参数列表)

2. 函数调用的形式

在 C 语言中，可以用以下几种形式调用函数。

（1）函数表达式。函数作为表达式中的一项出现在表达式中，函数值参与表达式的运算。这种形式要求函数是有返回值的。例如"z=sum(x,y)"是一个赋值表达式，它把 sum 函数的值赋予变量 z。

（2）函数语句。函数调用的一般形式加上分号即构成函数语句。例如"Hello();""sum(x,y);"都是以函数语句的形式调用函数的。

（3）函数实参。函数作为另一个函数调用的实参出现。这种情况是把该函数的值作为实参进行传送，因此要求该函数必须是有返回值的。例如"printf("%d",sum(x,y));"是把 sum 函数的返回值作为 printf 函数的实参来使用的。

例如，代码清单 8.4 中的函数调用部分代码可进行如下修改。

原代码：

```
main()
{
    int x,y,z;
    scanf("%d%d",&x,&y);
    z=sum(x,y);
    printf("z=%d\n",z);
}
```

修改后代码：

```
main()
{
    int x,y;
    scanf("%d%d",&x,&y);
    printf("%d\n", sum(x,y));
}
```

3. 被调函数的声明和函数原型

在主调函数中调用某函数之前应对该被调函数进行声明，这与使用变量之前要先进行变量声明是一样的。在主调函数中对被调函数进行声明的目的是使编译系统知道被调函数返回值的类型，以便在主调函数中按此类型对返回值做相应的处理。其声明的一般形式为：

类型说明符 被调函数名(类型 形参,类型 形参,…);

或为：

类型说明符 被调函数名(类型,类型,…);

圆括号内给出形参的类型和形参，或只给出形参类型，便于编译系统进行检查，以避免可能出现的错误。例如【例8.4】代码清单8.5的main函数中对sum函数的声明为：

```
int sum(int a,int b);
```

可改写为：

```
int sum(int,int);
```

C语言中又规定在以下几种情况下可以省去主调函数中对被调函数的函数声明。

（1）如果被调函数的返回值是整型或字符型，可以不对被调函数进行声明，而直接调用。这时系统将自动对被调函数值按整型处理。

（2）当被调函数的函数定义出现在主调函数之前时，在主调函数中也可以不对被调函数进行声明而直接调用。例如【例8.4】代码清单8.4中函数sum的定义放在main函数之前，因此可在main函数中省去对sum函数的函数声明 " int sum(int a,int b)"。

（3）若在所有函数定义之前，在函数外预先声明了各个函数的类型，则在以后的各主调函数中可不再对被调函数进行声明。

8.4 函数的特殊调用形式

函数的一般调用形式为主函数调用自定义函数，也可以是自定义函数调用另一个自定义函数，或者自定义函数调用它自身，这就是函数的嵌套调用和递归调用。

8.4.1 函数的嵌套调用

微课8-6：函数嵌套调用

C语言中各函数之间是平行的，不存在上一级函数和下一级函数的问题。C语言允许在一个函数的定义中出现对另一个函数的调用，这样就出现了函数的嵌套调用，即在被调函数中又调用其他函数。函数嵌套调用示意如图8.6所示，图中表示了两层嵌套调用的情形，其执行过程为：执行 main 函数中调用函数 A 的语句，转去执行函数 A，由于函数 A 中调用函数 B，所以转去执行函数 B，函数 B 执行完毕返回函数 A 的断点继续执行，函数 A 执行完毕返回 main 函数的断点继续执行。

图 8.6 函数嵌套调用示意

【例 8.5】利用函数嵌套调用实现程序设计，求 1!+2!+…+10!。

算法设计如下。

① 编写求阶乘的函数 fact。

② 编写求和的函数 sum（其中嵌套调用函数 fact）。

③ 编写主函数（其中调用函数 sum）。

代码清单 8.6：

```c
#include "stdio.h"
int fact(int n)
{
    int f=1,i;
    for(i=1;i<=n;i++)
        f=f*i;
    return f;
}
int sum(int h)
{
    int i,s=0;
    for(i=1;i<=h;i++)
        s=s+fact(i);
    return s;
}
main()
{
    int s;
    s=sum(10);
    printf("s=%d\n",s);
}
```

运行结果：输出 "s=4037913"。

在程序中，函数 fact 和 sum 均为整型，都在主函数之前定义，故不必在主函数中对函数 fact 和 sum 加以声明。在主函数中调用函数 sum，将实参 10 传递给形参 h，即 h=10。

在函数 sum 中利用循环结构调用函数 fact 共 10 次，将实参 i 从 1 到 10 传递给形参 n，即 n=1,2,3,…,10，分别返回 1！,2！,3！,…,10！给函数 sum，函数 sum 对返回值求和，然后返回求和结果给主函数输出。

8.4.2　函数的递归调用

　　一个函数在它的函数体内调用它自身称为递归调用，这种函数称为递归函数。C 语言允许函数的递归调用，在递归调用中，主调函数又是被调函数。执行递归函数，将反复调用其自身，每调用一次就进入新的一层，为了防止递归调用无终止地进行，必须在函数内添加终止递归调用的手段，常用的办法是加条件判断，即满足某种条件后就不再进行递归调用，然后逐层返回。下面举例说明递归调用的执行过程。

微课 8-7：函数递归调用

　　【例 8.6】利用函数递归调用实现程序设计，求 n!。

　　算法设计如下。

　　① 编写求阶乘的函数 fact。

　　② 判断 n=1 时，返回值为 1。

　　③ 判断 n≥2 时，函数 fact 调用 n*fact(n-1)。

　　④ 编写主函数调用函数 fact。

　　其调用示意如图 8.7 所示。

图 8.7　函数递归调用示意

　　代码清单 8.7：

```
int fact(int n)
{
    if(n==1)
        return 1;
    else
        return n*fact(n-1);
}
main()
{   int s;
    s=fact(5);
    printf("s=%d\n",s);
}
```

运行结果：输出"s=120"。

微课 8-8：数组
作为函数参数

8.5 数组作为函数参数

数组可以作为函数的参数进行数据传送。数组作为函数参数的形式有两种，一种是把数组元素（索引变量）作为函数的实参使用；另一种是把数组名作为函数的形参和实参使用。

1. 数组元素作为函数实参

数组元素就是索引变量，它与普通变量并无区别，因此它作为函数实参与普通变量的使用方法是完全相同的，在发生函数调用时，把作为实参的数组元素的值传送给形参，实现单向的值传送。

【例 8.7】判断一个数组中各元素的值，若大于 0 则输出该值，若小于或等于 0 则输出 0。

代码清单 8.8：

```
void nzp(int v)
{
    if(v>0)
        printf("%d ",v);
    else
        printf("%d ",0);
}
main()
{
    int a[5],i;
    printf("请输入五个数据:");
    for(i=0;i<5;i++)
    {
        scanf("%d",&a[i]);
        nzp(a[i]);
    }
}
```

运行结果如图 8.8 所示。

图 8.8 【例 8.7】运行结果

2. 数组名作为函数参数

函数定义时，形参应写成如下形式。

类型 函数名称(类型说明符 数组名称[])

例如 "void fun(int a[])"。

函数调用时,实参应写成如下形式。

函数名称(数组名称)

例如 "fun(a)"。

说明:

(1)函数定义时,数组名作为形参,需要添加类型说明符进行定义,不需要定义数组长度,但必须加方括号[],以表示形参是数组。

(2)函数调用时,数组名作为实参,数组在函数调用之前已被定义,不需要添加类型说明符再进行定义,不需要定义数组长度,也不需要加方括号[]。

【例8.8】数组中存放了一名学生5门课程的成绩,求其平均成绩。

代码清单8.9:

```
float aver(float a[])
{
    int i;
    float av,s=a[0];
    for(i=1;i<5;i++)
        s=s+a[i];
    av=s/5;
    return av;
}
main()
{
    float s[5],av;
    int i;
    printf("请输入五门课的成绩:");
    for(i=0;i<5;i++)
        scanf("%f",&s[i]);
    av=aver(s);
    printf("平均成绩是%5.2f\n",av);
}
```

运行结果如图8.9所示。

图 8.9 【例 8.8】运行结果

8.6 变量存储类别及作用域

变量按照作用域分为局部变量和全局变量,每个变量位于定义的数据类型之后,定义的位置决定了它的作用域。变量在内存中可存储在静态存储区和动态存储区，变量按照生存周期分为动态变量和静态变量。

微课 8-9：局部变量与全局变量

8.6.1 局部变量与全局变量

变量有效性的范围称为变量的作用域，C 语言中所有变量都有自己的作用域，变量声明的方式不同，其作用域也不同。C 语言中的变量按作用域可分为局部变量与全局变量。

1. 局部变量

局部变量也称为内部变量。局部变量是在函数内定义的，其作用域仅限于函数内，离开该函数后再使用这种变量是非法的。

示例如下。

函数 f1：

```
int f1(int a)
{
  int b,c;
  ...
}
```

函数 f2：

```
int f2(int x)
{
  int y,z;
  ...
}
```

主函数：

```
main()
{
  int m,n;
  ...
}
```

在函数 f1 内定义了 3 个变量，a 为形参，b 和 c 为一般变量，在 f1 的范围内 a、b、c 均有效，或者说 a、b、c 变量的作用域限于 f1 内。同理，x、y、z 的作用域限于 f2 内。m、n 的作用域限于主函数内。

关于局部变量的作用域还要说明以下几点。

（1）主函数中定义的变量只能在主函数中使用，不能在其他函数中使用。同时，主函数中也不能使用其他函数中定义的变量。因为主函数也是一个函数，它与其他函数是平行关系。

（2）形参变量是被调函数的局部变量，实参变量是主调函数的局部变量。

（3）允许在不同的函数中使用相同的变量名，它们可以代表不同的对象，分配不同的存储单元，互不干扰，也不会发生混淆。

【例 8.9】识别局部变量的作用域和使用范围。

代码清单 8.10：

```
void f(int a,int b)
{
    int i,j;
    i=a+2;
    j=b-1;
    printf("函数 f 中:a=%d,b=%d\n",a,b);
    printf("函数 f 中:i=%d,j=%d\n",i,j);
}
```

```
main()
{
    int i=4,j=5;
    f(i,j);
    printf("主函数中:i=%d,j=%d\n",i,j);
}
```

运行结果如图 8.10 所示。

本程序中，主函数定义了两个变量 i 和 j，分别赋值为 4 和 5，通过函数调用将其分别传递给函数 f 的形参 a 和 b，即 a 值为 4，b 值为 5。函数 f 中定义了两个变量 i 和 j，通过运算后，i 值为 6，j 值为 4，所以函数 f 中输出 a=4、b=5 和 i=6、j=4；而主函数中两个变量 i 和 j 的作用域仅在此函数中，和函数 f 中的两个变量 i 和 j 不相同，所以输出 i=4、j=5。

图 8.10 【例 8.9】运行结果

2. 全局变量

全局变量也称为外部变量，它是在函数外部定义的变量。它不属于哪一个函数，而属于某个源程序文件，其作用域是整个源程序。在函数中使用全局变量，一般应进行全局变量声明，只有在函数内经过声明的全局变量才能使用。全局变量的声明符为 extern。但在一个函数之前定义的全局变量，在该函数内使用时可不再加以说明。

示例如下。

函数 f1:

```
int a,b; //外部变量
void f1()
{
  ...
}
```

函数 f2:

```
float x,y; //外部变量
int f2()
{
  ...
}
```

主函数:

```
main()
{
  ...
}
```

从上例可以看出 a、b、x、y 都是在函数外部定义的变量，都是全局变量。但 x、y 定义在函数 f1 之后，而在 f1 内又无对 x、y 的声明，所以它们在 f1 内无效。a、b 定义在源程序最前面，因此在函数 f1、f2 及主函数内不加说明也可使用。

全局变量是在函数的外部定义的，它的作用域为从变量定义处开始，到本程序所在文件的末尾。如果外部变量不在文件的开头定义，其作用域只限于定义处到文件终了。如果在定义处之前的函数想引用该外部变量，则应该在引用之前用关键字 extern 对该变量进行"外部变量声明"，表示该变量是一个已经定义的外部变量。有了此声明，就可以从"声明"处起，合法地使用该外部变量。

【例 8.10】用 extern 声明外部变量，扩展变量的作用域举例。

代码清单 8.11：

```
void save()
{
    int money;
    extern amount;
    printf("请输入存款金额:");
    scanf("%d",&money);
    amount=amount+money;
}
int amount=10000;
main()
{
    save();
    printf("余额为:%d 元\n",amount);
}
```

运行结果如图 8.11 所示。

本程序中，第 9 行定义了全局变量 amount，由于全局变量定义的位置在函数 save 之后，因此在 save 函数中不能引用全局变量 amount，但现在在 save 函数中用 extern 对 amount进行了"外部变量声明"，所以就可以从"声明"处起合法地使用该外部变量 amount。

图 8.11 【例 8.10】运行结果

【例 8.11】输入圆的半径，求圆的周长和面积，利用全局变量实现程序设计。

代码清单 8.12：

```
float s;
float ls(float r)
{
    float len;
    len=2*3.14*r;
    s=3.14*r*r;
    return len;
}
main()
{
    float c,r;
    printf("请输入圆的半径:");
    scanf("%f",&r);
```

```
    c=ls(r);
    printf("圆的周长为:%f\n",c);
    printf("圆的面积为:%f\n",s);
}
```

运行结果如图 8.12 所示。

图 8.12 【例 8.11】运行结果

本程序中，函数 ls 的功能是求圆的周长和面积，但函数通过 return 只返回周长的值，而圆的面积是通过全局变量 s 存储并输出的。

【例 8.12】局部变量与全局变量同名举例。

代码清单 8.13：

```
int a=2,b=3;
int sum(int a,int b)
{
    int s;
    s=a+b;
    return s;
}
main()
{
    int a=4,s;
    s=sum(a,b);
    printf("s=%d\n",s);
}
```

运行结果：输出"s=7"。

本程序主函数中定义了局部变量 a，因此全局变量 a 失效，所以 a 值为 4；变量 b 为全局变量，所以 b 值为 3，相应值传递给形参 a 和 b 后进行加法运算，所以函数 sum 返回值为 7。

8.6.2 动态变量与静态变量

从另一个角度看，C 语言中的变量按生存周期（即存在的时间）来分，可以分为动态变量和静态变量。

微课 8-10：动态变量与静态变量

1. 动态变量

函数中的局部变量，若不加以任何声明或者专门声明为 auto 存储类别，则都是动态地分配存储空间的，数据存储在动态存储区中。函数中的形参和在函数中定义的变量都属此类，在调用该函数时，系统会给它们分配存储空间；在函数调用结束时，就自动释放这些存储空间。

示例如下。

```
int f(int a)
{auto int b,c=3;
  …
}
```

a 是形参，属于动态变量；b 和 c 是函数中定义的变量，也属于动态变量，对 c 赋初值 3。执行完函数 f 后，自动释放 a、b、c 所占的存储单元。

2. 静态变量

有时希望函数中的局部变量的值在函数调用结束后不消失且保留原值，这时就应该指定局部变量为"静态变量"，用关键字 static 进行声明。

说明：

（1）静态变量属于静态存储类别，在静态存储区内分配存储单元，在程序整个运行期间都不释放。而动态变量属于动态存储类别，占动态存储区，函数调用结束后即释放。

（2）静态变量在编译时赋初值，即只赋初值一次；而对动态变量赋初值是在函数调用时进行的，每调用一次函数重新给该函数中的动态变量赋一次初值，就相当于执行一次赋值语句。

【例 8.13】静态变量的使用及其值的变化举例。

代码清单 8.14：

```
#include "stdio.h"
f(int a)
{
    auto b=2;
    static c=3;
    b=b+1;
    c=c+1;
    return a+b+c;
}
main()
{
    int a=1,i;
    for(i=1;i<=3;i++)
        printf("第%d 次调用后结果: %d\n",i,f(a));
}
```

运行结果如图 8.13 所示。

本程序中，第一次调用函数 f 时，a 的初值为 1，b 的初值为 2，c 的初值为 3，通过运算后返回值为 8；第二次调用函数 f 时，a 的初值为 1，b 重新被赋值为 2，c 为第一次函数调用时存储的结果值为 4，通过运算后返回值为 9；第三次调用函数 f 时，a 的初值仍然为 1，b 再一次重新被赋值为 2，c 为第二次函数调用时存储的结果值为 5，通过运算后返回值为 10。

图 8.13　【例 8.13】运行结果

8.6.3　register 变量

为了提高效率，C 语言允许将局部变量的值放在 CPU 的寄存器中，这种变量叫"寄存器变量"，可以提高变量各种操作的运行速度，用关键字 register 进行声明。

说明：

（1）只有局部自动变量和形参可以作为寄存器变量。

（2）一个计算机系统中的寄存器数目有限，不能定义任意多个寄存器变量。

（3）局部静态变量不能定义为寄存器变量。

【**例 8.14**】寄存器变量的使用及其值的变化举例。

代码清单 8.15：

```
int fac(int n)
{
    register int i,f=1;
    for(i=1;i<=n;i++)
        f=f*i;
    return f;
}
main()
{
    int i;
    for(i=1;i<=3;i++)
        printf("%d!=%d\n",i,fac(i));
}
```

运行结果如图 8.14 所示。

图 8.14　【例 8.14】运行结果

微课 8-11：内部
函数与外部函数

8.7　内部函数与外部函数

函数本质上是全局的，因为一个函数可能要被另外的函数调用，但是也可以指定函数不能被其他源文件调用。根据函数能否被其他源文件调用，可将函数分为内部函数和外部函数。

8.7.1　内部函数

如果一个函数只能被本源文件中的其他函数所调用，称之为内部函数。内部函数又称静态函数，在定义内部函数时，在函数名和函数类型说明符的前面加 static，形式为：

```
static 类型说明符 函数名(形参表)
```

例如 "static int fun(int a,int b)"。

使用内部函数，可以使函数只局限于所在文件，使得在不同的文件中的重名的内部函数互不干扰。这样不同的人可以分别编写不同的函数，而不必担心所用函数会与其他文件中的函数重名。通常把只能由同一文件使用的函数和外部变量放在一个文件中，在它们前面都用 static 使之局部化，其他文件便不能引用了。

【例 8.15】使用内部函数解决两个文件中存在重名函数的问题。

代码清单 8.16：

文件 test0.c:

```
static int sum(int a,int b,int c)
{
    int s;
    s=a+b+c;
    return s;
}
```

文件 test.c:

```
int sum(int a,int b)
{
    int s;
    s=a+b;
    return s;
}
main()
{
    int x,y,s;
    scanf("%d%d",&x,&y);
    s=sum(x,y);
    printf("s=%d\n",s);
}
```

运行结果：输入 "2 3↙"，输出 "s=5"。

本程序中，文件 test.c 可以调用文件 test0.c 中的 sum 函数，但两个文件中都存在 sum 函数，函数重名，在 test0.c 中的 sum 函数前加上 static，使该 sum 函数成为内部函数，就只能在文件 test0.c 中调用它了。

8.7.2　外部函数

在需要调用函数的文件中，用 extern 声明所调用的函数是外部函数。在定义函数时，如果在函数定义的最左端冠以关键字 extern，则表示此函数是外部函数，可供其他文件调用。如"extern int fun (int a, int b)"，则函数 fun 就可以被其他文件调用。

　　C 语言规定，如果在定义函数时省略关键字 extern，则隐含为外部函数。本书前文示例所用的函数都是外部函数。

　　【例 8.16】使用外部函数解决一个文件调用其他文件中的函数的问题。

　　代码清单 8.17：

文件 test0.c：

```
extern int differ(int a,int b)
{
    int z;
    z=a-b;
    return z;
}
```

文件 test.c：

```
int sum(int a,int b)
{
    int s;
    s=a+b;
    return s;
}
main()
{
    int x,y,s,z;
    scanf("%d%d",&x,&y);
    s=sum(x,y);
    printf("s=%d\n",s);
    z=differ(x,y);
    printf("z=%d\n",z);
}
```

　　运行结果：输入"2 3↙"，输出 s=5、z=-1。

　　本程序在 test0.c 中的 differ 函数前加上了 extern，使 differ 函数成为外部函数，使其在文件 test.c 中也可以被调用。

8.8　常见编译错误与解决办法

　　函数程序设计过程中常见的错误、警告及解决办法举例如下。

1. 使用库函数时，没有加相应的头文件

　　代码清单 8.18：

```
#include "stdio.h"
main()
{
    int x;
    double y;
    scanf("%d",&x);
    y=sqrt(x);
    printf("%lf\n",y);
}
```

　　警告显示：

```
warning C4013: 'sqrt' undefined; assuming extern returning int
```

解决办法：在文件中添加 "#include "math.h""。

2. 自定义函数编写在 main 函数之后且使用前没有声明

代码清单 8.19：

```
#include "stdio.h"
main()
{
    int x,y;
    scanf("%d%d",&x,&y);
    sum(x,y);
}
void sum(int a,int b)
{
    int s;
    s=a+b;
    printf("s=%d\n",s);
}
```

错误和警告显示：

```
warning C4013: 'sum' undefined; assuming extern returning int
error C2371: 'sum' : redefinition; different basic types
```

解决办法：有两种，一种是将 sum 函数编写在 main 函数之前；另一种是在 main 函数中声明 sum 函数，即添加代码 "void sum(int,int);"。

3. 实参和形参类型不一致

代码清单 8.20：

```
#include "stdio.h"
void sum(int a,int b)
{
    int s;
    s=a+b;
    printf("s=%d\n",s);
}
main()
{
    float x,y;
    scanf("%f%f",&x,&y);
    sum(x,y);
}
```

警告显示：

```
warning C4244: 'function' : conversion from 'float' to 'int'
```

解决办法：将 main 函数中的 float 修改为 int，使其与 sum 函数形参 a 和 b 的类型一致。

4. 实参和形参数量不一致

代码清单 8.21：

```
#include "stdio.h"
void sum(int a,int b,int c)
{
    int s;
    s=a+b+c;
    printf("s=%d\n",s);
}
main()
{
    int x,y;
    scanf("%d%d",&x,&y);
    sum(x,y);
}
```

错误显示：

```
error C2198: 'sum' : too few actual parameters
```

解决办法：将 sum 函数的形参 c 去掉并去掉相应的操作，使其中的形参与 main 函数中的实参数量一致。

实例分析与实现

1. 实例分析

首先将账户金额定义为全局变量，然后编写密码验证函数、界面显示函数、余额查询函数、取款函数和存款函数，最后编写主程序以调用各个函数实现各种功能。ATM 具体操作流程如图 8.15 所示。

图 8.15 ATM 具体操作流程

具体算法如下。

① 定义全局变量，用于存储账户金额。

② 编写密码验证函数，采用双分支结构判断密码对错。

③ 编写界面显示函数，模拟 ATM 界面。

④ 编写余额查询函数。

⑤ 编写取款函数，输入取款金额，计算余额。

⑥ 编写存款函数，输入存款金额，计算余额。

⑦ 在主函数中调用所编写的函数，模拟实现 ATM 各项操作。

2. 项目代码

代码清单 8.22：

```
#include "stdio.h"
#include "stdlib.h"
//定义全局变量
int amount=10000;        //账户金额
//密码验证函数
int login(int pwd)
{
    if(pwd==123456)
        return 1;        //密码正确返回1
    else
        return 0;        //密码错误返回0
}
//界面显示函数
void show()
{
    printf("          中国建设银行ATM\n");
    printf("----------------------------------------\n");
    printf(" 1.查询余额 2.取款 3.存款 4.退卡 5.返回\n");
    printf("----------------------------------------\n");
}
//余额查询函数
void query()
{
   printf("账户余额:%d元\n",amount);
}
//取款函数
void draw()
{
    int money;
```

```
    printf("请输入取款金额:");
    scanf("%d",&money);
    amount=amount-money;
    printf("取款完成! \n");
}
//存款函数
void save()
{
    int money;
    printf("请输入存款金额:");
    scanf("%d",&money);
    amount=amount+money;
    printf("存款完成! \n");
}
main()
{
    int pwd,flag=1,select;
    printf("请输入密码:");
    scanf("%d",&pwd);
    if(login(pwd)==1)        //调用密码验证函数
    {
        system("cls");    //清屏
        show();           //调用界面显示函数
        while(flag==1)    //操作循环执行
        {
            printf("请输入操作选项:");
            scanf("%d",&select);
            switch(select)                //判断选项
            {
                case 1:query();break;     //调用余额查询函数
                case 2:draw();break;      //调用取款函数
                case 3:save();break;      //调用存款函数
                case 4:flag=0;            //终止while循环,退卡
                case 5:system("cls");show();//返回
            }
        }
    }
    else
        printf("密码错误, 请重新输入!\n");
}
```

进阶案例——简单计算器设计

1．案例介绍

简单计算器的功能包括加法、减法、乘法和除法，按照格式"1+2"最多可以输入 5 个算式，每个算式包括两个运算量和一个运算符，根据输入的运算符，可以计算出相应结果。例如，输入"5+2"，结果为"5.00+2.00=7.00"；输入"8-6"，结果为"8.00-6.00=2.00"；输入"2.3*4"，结果为"2.30* 4.00=9.20"；输入"3/2"，结果为"3.00/2.00=1.50"，如图 8.16 所示。

图 8.16　进阶案例输出结果

2．案例分析

首先编写加法函数、减法函数、乘法函数和除法函数，这 4 个函数采用无返回值有参数的形式编写，其中除法函数要考虑除数不能等于 0 的情况。然后编写主程序，主程序中按照算式格式输入算式，根据算式中的运算符调用相应函数，实现各种计算操作。

具体算法如下。

① 采用无返回值有参数的形式编写加法函数。

② 采用无返回值有参数的形式编写减法函数。

③ 采用无返回值有参数的形式编写乘法函数。

④ 采用无返回值有参数的形式编写除法函数，如果除数等于 0，提示"0 不能作为除数!"。

⑤ 主函数中定义 4 个变量，其中两个用于存储运算量，一个用于存储运算符，一个用于控制循环执行的次数。

⑥ 利用 scanf 函数按照算式格式输入算式。

⑦ 利用 switch 选择结构判断运算符，根据运算符调用相应的计算函数。

3．项目代码

代码清单 8.23：

```
//加法函数
void add(float a,float b)
```

```
{
    printf("%.2f+%.2f=%.2f\n",a,b,a+b);
}
//减法函数
void sub(float a,float b)
{
    printf("%.2f-%.2f=%.2f\n",a,b,a-b);
}
//乘法函数
void mul(float a,float b)
{
    printf("%.2f*%.2f=%.2f\n",a,b,a*b);
}
//除法函数
void div(float a,float b)
{
    if(b==0)
        printf("0 不能作为除数!\n");
    else
        printf("%.2f/%.2f=%.2f\n",a,b,a/b);
}
main()
{
    float x,y;          //两个运算量
    char r;             //运算符
    int i=1;
    printf("输入的算式格式为：1+2\n");
    while(i<=5)         //最多输入 5 个算式
    {
        scanf("%f%c%f",&x,&r,&y);
        switch(r)
        {
            case '+':add(x,y);break;    //调用 add 函数
            case '-':sub(x,y);break;    //调用 sub 函数
            case '*':mul(x,y);break;    //调用 mul 函数
            case '/':div(x,y);break;    //调用 div 函数
            default:printf("输入错误!\n");
        }
        i++;
    }
}
```

本章小结

本章首先描述了模拟 ATM 存取款操作实例；然后介绍了函数的概念、函数的定义和一般调用形式、函数的特殊调用形式、数组作为函数参数、局部变量与全局变量、内部函数与外部函数等，同时介绍了常见的编译错误与解决办法；最后进行了实例的分析与实现，并通过了结果验证，以及简单计算器设计进阶案例的分析与实现。其中函数的定义、函数一般调用形式、局部变量与全局变量是重点内容，函数的嵌套调用和递归调用、内部函数与外部函数是难点内容。

通过对本章的学习，读者应该能够熟练掌握函数的定义、函数的一般调用形式；掌握函数的特殊调用形式；理解局部变量与全局变量、内部函数与外部函数；调试编译过程中遇到的编译错误，并运用本章知识解决实际应用问题。

同步训练

一、选择题

1. 下列关于函数的叙述中正确的是（　　　）。

   A. 每个函数都可以被其他函数调用（包括 main 函数）

   B. 每个函数都可以单独编译

   C. 每个函数都可以被单独运行

   D. 在一个函数内部可以定义另一个函数

2. 以下叙述错误的是（　　　）。

   A. 变量作用域取决于变量定义语句的位置

   B. 全局变量可以在函数以外的任何位置进行定义

   C. 局部变量可用于其他函数调用

   D. 一个变量声明为 static 存储类别是为了限制其他函数的引用

3. 有以下函数定义。

```
int fun(double a,double b)
{return a*b;}
```

若以下选项中所用变量都已正确定义并赋值，错误的函数调用是（　　　）。

   A. if(fun(x,y)) {…}　　　　　　　　　　B. z=fun(fun(x,y), fun(x,y));

   C. z=fun(fun(x,y), x,y);　　　　　　　　D. fun(x,y);

4. 执行下列程序输出的结果是（　　　）。

```
f(int a)
{ int b=0;
  static c=3;
  a=c++;b++;
  return(a);
}
```

```
main()
{int a=2,i,k;
 for(i=0;i<2;i++)
   k=f(a++);
 printf("%d\n",k);}
```

A. 3 　　　　　 B. 4 　　　　　 C. 5 　　　　　 D. 6

5. 以下叙述中不正确的是（　　　）。

    A. 在不同的函数中可以使用相同名字的变量

    B. 函数中的形式参数是局部变量

    C. 在一个函数内定义的变量只在本函数范围内有效

    D. 在一个函数内的复合语句中定义的变量只在本函数范围内有效

6. 执行以下程序，输出结果是（　　　）。

```
int m=13;
int fun(int x,int y)
{   int m=2;
    return(x*y-m);
    }
main()
{   int a=7,b=6;
    printf("%d",fun(a,b)/m);
}
```

A. 1 　　　　　 B. 3 　　　　　 C. 7 　　　　　 D. 10

7. 下面说法正确的是（　　　）。

    A. 调用函数时，实参不可以是表达式，必须是数值

    B. 调用函数时，实参与形参共用内存单元

    C. 调用函数时，将实参的值复制给形参，使实参变量和形参变量在数值上相等

    D. 调用函数时，实参与形参的类型可不一致，编译器能够自动转换

二、填空题

1. 在 C 语言中，凡未指定存储类别的局部变量的隐含存储类别是_____。

2. 主函数的参数是_____，自定义函数的参数是_____。

3. 函数参数传递包括_____和_____。

4. 找出 100～999 所有整数中各位数字之和为 x 的整数，将符合条件的整数个数作为函数值返回，例如 x 值为 5，100～999 所有整数中各位数字之和为 5 的有 104、113、122、131、140、203、212、221、230、302、311、320、401、410 及 500，共 15 个。将程序补充完整。

```
int fun(int x)
{ int n, s1, s2, s3, t;
  n=0;
```

```
        t=100;
        while(t<=_____){
          s1=t%10; s2=_____; s3=t/100;
          if(s1+s2+s3==_____)
          {  printf("%d ",t);
            n++;
          }
          t++;
        }
        return n;
    }
    main()
    {
        int x=-1;
        while(x<0)
        {  printf("Please input(x>0): ");
          scanf("%d",&x);
        }
        printf("\nThe result is: %d\n",fun(x));
    }
```

5. 在 C 语言中，函数首部用关键字_____来说明该函数无返回值。

6. 在 C 语言中，被调函数用_____语句将表达式的值返回给主调函数。

操作视频：简单
函数的应用

三、程序设计题

1. 编写函数实现，输入 3 个整数，寻找最大值。

2. 编写函数实现，输入两个整数 m 和 n，求最大公约数和最小公倍数。

3. 编写函数实现，输入一个整数，判断其是否为素数（素数是只能被 1 和自身整除的数）。

操作视频：特殊
函数的应用

技能训练

通过扫描二维码观看示范操作视频，进一步巩固函数的定义、函数的一般调用形式、函数的嵌套调用等相关知识，从而提高学习者的程序设计水平，达到学以致用的目的。

第 9 章　编译预处理

学习目标

- 掌握宏定义预处理命令的作用和使用方法。
- 掌握文件包含的概念和使用方法。
- 了解条件编译的作用和形式。
- 掌握使用预处理命令优化程序的方法。
- 掌握预处理程序设计过程中常见的编译错误与解决办法。

实例描述——教务管理系统登录模块设计

在登录教务管理系统的时候，登录身份一般包括系统管理员、教师和学生。每一种身份的操作权限是不同的，系统管理员可以进行课程设置、成绩查询、成绩删除、成绩修改、信息汇总和权限设置等操作，教师可以进行成绩录入、成绩保存、成绩提交和生成报表等操作，而学生只能进行选课报名和成绩查询等操作。各身份登录输出结果如图 9.1～图 9.3 所示。

图 9.1　系统管理员身份登录输出结果

图 9.2　教师身份登录输出结果

图 9.3 学生身份登录输出结果

知识储备

C 语言允许在程序中使用几种特殊的命令，在 C 编译系统对程序进行通常的编译之前，先对程序中的这些特殊命令进行"预处理"，然后将预处理的结果和源程序一起进行通常的编译处理，以得到目标代码。本章将针对宏定义、文件包含和条件编译等预处理功能进行详细的讲解。

9.1 宏定义

宏定义的目的是允许程序员以指定标识符代替一个较复杂的字符串。C 语言的宏定义分为不带参数的宏定义与带参数的宏定义两种。

微课 9-1：不带
参数的宏定义

1. 不带参数的宏定义

不带参数的宏定义格式为：

```
#define 标识符 字符串
```

其中，#define 为预编译符；标识符称为"宏名"，通常使用大写英文字母和有直观意义的标识符，以区别于源程序中的其他标识符；字符串构成"宏体"，由 ASCII 字符集中的字符组成。

不带参数的宏定义作用：用指定标识符代替一个较复杂的字符串。

【例 9.1】输入圆的半径，求圆的周长和面积。

代码清单 9.1：

```c
#include "stdio.h"
#define PI 3.14
main()
{
    float l,s,r;
    printf("请输入半径:");
    scanf("%f",&r);
    l=2.0*PI*r;
    s=PI*r*r;
    printf("l=%.2f s=%.2f\n",l,s);
}
```

运行结果：输入"1.5↙"，输出"l=9.42 s=7.06"。

说明：

（1）宏名一般习惯用大写字母，例如宏名 PI。

（2）宏名用于代替一个字符串，不做语法检查，例如将主程序中的 PI 替换为 3.14。

（3）宏定义无须在末尾加"；"。

（4）宏定义的有效范围从定义之处开始，到#undef 命令终止，若无#undef 命令，则其有效范围到所在文件结束。

（5）在进行宏定义时，可以引用已定义的宏名。

【例 9.2】通过宏定义的方式，求圆的周长和面积。

代码清单 9.2：

```
#include "stdio.h"
#define PI 3.14
#define R 1.5
#define L 2*PI*R
#define S PI*R*R
main()
{
  printf("l=%.2f s=%.2f\n",L,S);
}
```

运行结果：输出"l=9.42 s=7.06"。

2．带参数的宏定义

带参数的宏定义格式为：

```
#define 标识符(形参表) 字符串
```

微课 9-2：带参数的宏定义

其中，形参称为宏名的形参，构成宏体的字符串中应该包含所定义的形参。

带参数的宏定义作用：宏替换时以实参替代形参。

【例 9.3】输入圆的半径，求圆的面积。

代码清单 9.3：

```
#define PI 3.14
#define  S(r)  PI*r*r
main()
{
  float r1=1.5,area;
  area=S(r1);
  printf("r=%.2f,area=%.2f\n",r1,area);
}
```

运行结果：输出"r=1.50,area=7.06"。

3．带参数的宏替换与函数的主要区别

（1）函数调用时，先求出实参的值，然后传给形参。而使用带参数的宏只是进行简单的字符串替换。

（2）函数调用是在程序运行时进行的，而宏替换则是在编译时进行的。

（3）宏替换不占运行时间，只占编译时间，而函数调用则占运行时间。

（4）函数中函数名及参数均有一定的数据类型，而宏不存在类型问题，宏名及其参数无类型。

微课 9-3：文件
包含

9.2 文件包含

编译预处理的文件包含功能是指一个源程序通过#include 命令把另外一个源文件的全部内容嵌入源程序中。编译预处理程序把#include 命令中所指定的源文件的全部内容放到源程序的#include 命令所在的位置，在编译时并不是作为两个文件链接，而是作为一个源程序编译，得到一个目标文件。

1. 格式

文件包含的格式为：

```
#include <文件名>或#include "文件名"
```

2. 作用

文件包含的作用是将指定的文件包含到本文件中。

文件名使用角括号标识的作用与用双引号标识的作用不同，前者只在系统指定的标准目录下查找被包含文件；后者先在源文件所在的目录中查找被包含文件，若找不到，再按系统指定的标准目录查找。

3. #include 命令的嵌套使用

当一个程序中使用#include 命令嵌入一个指定的包含文件时，被嵌入的文件中还可以使用#include 命令，包含另一个指定的包含文件。

【例 9.4】通过#include 命令的嵌套实现 1!+2!+3!+4!+5!。

代码清单 9.4：

test.c、test1.c 和 test2.c 三个源文件的代码分别如下。

文件 test.c:

```
#include "stdio.h"
#include "test1.c"
main()
{
    int s;
    s=sum(5);
    printf("s=%d\n",s);
}
```

文件 test1.c:

```
#include "test2.c"
static int sum(int n)
{
    int i,s=0;
    for(i=1;i<=n;i++)
      s=s+fact(i);
    return s;
}
```

文件 test2.c:

```
static int fact(int n)
{
    int i,f=1;
    for(i=1;i<=n;i++)
      f=f*i;
    return f;
}
```

运行结果：输出"s=153"。

本程序中，文件 test.c 通过文件包含#include "test1.c"，调用文件 test1.c 中的 sum 函数，文件 test1.c 通过文件包含#include "test2.c"，调用文件 test2.c 中的 fact 函数。

9.3 条件编译

使用条件编译功能，可以为程序的调试和移植提供有力的机制，使程序具有可以适应不同系统和不同硬件设置的通用性和灵活性。

微课 9-4：宏定义标识符作为编译条件

1. 使用宏定义的标识符作为编译条件

（1）形式一：

```
#ifdef 标识符
    程序段 1
#endif
```

作用：如果所指定的标识符已经被#define 命令定义过，则在程序编译阶段只编译程序段 1。

（2）形式二：

```
#ifdef 标识符
    程序段 1
#else
    程序段 2
#endif
```

作用：如果所指定的标识符已经被#define 命令定义过，则在程序编译阶段只编译程序段 1，否则编译程序段 2。

（3）形式三：

```
#ifndef 标识符
    程序段 1
#else
    程序段 2
#endif
```

作用：如果所指定的标识符未被#define 命令定义过，则在程序编译阶段只编译程序段 1，否则编译程序段 2。

【例 9.5】宏定义的标识符作为编译条件举例。

代码清单 9.5：

```
#define DEBUG
main()
{
    int x,y;
    x=2;
    y=3;
```

```
    x*=x+2;
    y/=y-2;
#ifdef DEBUG
        printf("x=%d,y=%d\n",x,y);
#endif
    printf("x+y=%d\n",x+y);
}
```

运行结果：

x=8,y=3

x+y=11

注意：如果将宏定义#define DEBUG 去掉，则运行结果只有"x+y=11"，不再输出 x
和 y 的结果。

微课 9-5：使用

常量表达式值

作为编译条件

2. 使用常量表达式的值作为编译条件

（1）形式一：

```
#if 表达式
    程序段 1
#endif
```

作用：当所指定的表达式为真（非 0）时就编译程序段 1。

（2）形式二：

```
#if 表达式
    程序段 1
#else
    程序段 2
#endif
```

作用：当所指定的表达式为真（非 0）时就编译程序段 1，否则编译程序段 2。可以事
先给定一定的条件，使程序在不同的条件下实现不同的功能。

【例 9.6】常量表达式的值作为编译条件举例，将字符串中的字母转换为大写字母或者
小写字母。

代码清单 9.6：

```
#define R 1
main()
{
    char web[50];
    int i=0;
    gets(web);
    while(web[i]!='\0')
    {
        #if(R==1)    //实现将大写字母转换为小写字母的功能
            if(web[i]>='A'&&web[i]<='Z')    //判断为大写字母
```

```
            {  web[i]=web[i]+32;                //转换为小写字母
               i++;
            }
        #else
            if(web[i]>='a'&&web[i]<='z')         //判断为小写字母
            {  web[i]=web[i]-32;                 //转换为大写字母
               i++;
            }
        #endif
    }
    puts(web);
}
```

运行结果：输入字符串"PROGRAM"，输出字符串"program"；如果将#define R 1 改为#define R 2，输入字符串"program"，输出字符串"PROGRAM"。

总之，采用条件编译功能，可以减少被编译的语句，从而减小目标程序的长度，减少运行时间。

9.4 常见编译错误与解决办法

编译预处理程序设计过程中常见的错误、警告及解决办法举例如下。

1. 宏定义时在标识符和字符串之间多加了赋值运算符"="

代码清单 9.7：

```
#define PI=3.14
main()
{
    float l,s,r;
    printf("请输入半径:");
    scanf("%f",&r);
    l=2.0*PI*r;
    s=PI*r*r;
    printf("l=%.2f s=%.2f\n",l,s);
}
```

错误显示：

```
error C2008: '=' : unexpected in macro definition
```

解决办法：去掉赋值运算符"="，将"#define PI=3.14"改为"#define PI 3.14"。

2. 宏定义的标识符作为编译条件时，忘记在结束时书写#endif

代码清单 9.8：

```
#define DEBUG
main()
```

```
{
    int x,y;
    x=2;
    y=3;
    x*=x+2;
    y/=y-2;
    #ifdef DEBUG
        printf("x=%d,y=%d\n",x,y);
    printf("x+y=%d\n",x+y);
}
```

错误显示：

```
fatal error C1070: mismatched #if/#endif pair in file
```

解决办法：在"printf("x=%d,y=%d\n",x,y);"语句下一行加上"#endif"。

实例分析与实现

1．实例分析

登录教务管理系统后，根据登录权限的不同，能进行的操作也是不同的，通过宏定义，可以让宏的取值发生变化，进而控制登录权限。然后采用常量表达式的值作为条件编译的条件，控制执行不同的操作，宏的取值为 1 时，系统管理员登录执行相应操作；宏的取值为 2 时，教师登录执行相应操作；宏的取值为 3 时，学生登录执行相应操作。

具体算法如下。

① 定义宏常量。

② 宏取值为 1，显示系统管理员登录界面。

③ 宏取值为 2，显示教师登录界面。

④ 宏取值为 3，显示学生登录界面。

2．项目代码

代码清单 9.9：

```
#define LOGIN 1
main()
{
  #if(LOGIN==1)
      printf("        欢迎系统管理员进入教务管理系统!\n");
      printf("------------------------------------------\n");
      printf("* 按 1-->课程设置          按 2-->成绩查询  *\n");
      printf("* 按 3-->成绩删除          按 4-->成绩修改  *\n");
      printf("* 按 5-->信息汇总          按 6-->权限设置  *\n");
      printf("------------------------------------------\n");
  #elif(LOGIN==2)
```

```
    printf("          欢迎教师进入教务管理系统!\n");
    printf("------------------------------------------\n");
    printf("* 按 1-->成绩录入         按 2-->成绩保存 *\n");
    printf("* 按 3-->成绩提交         按 4-->生成报表 *\n");
    printf("------------------------------------------\n");
#else
    printf("          欢迎学生进入教务管理系统!\n");
    printf("------------------------------------------\n");
    printf("* 按 1-->选课报名         按 2-->成绩查询 *\n");
    printf("------------------------------------------\n");
#endif
}
```

进阶案例——寻找水仙花数

1. 案例介绍

所谓"水仙花数",是指一个 3 位数,也就是介于 100 到 999 之间,满足其各位数字立方和等于该数本身的数。例如,153 是"水仙花数",因为 $153=1^3+5^3+3^3$。在程序设计过程中,可以采用文件包含的方式,编写 3 个文件,通过互相调用实现该案例。输出结果如图 9.4 所示。

图 9.4   进阶案例输出结果

2. 案例分析

首先编写主函数,其所在文件命名为 test.c,并在头部加上文件包含#include "test1.c",利用 for 语句控制循环从 100 到 999 多次调用 daff 函数。然后编写 daff 函数,其所在文件命名为 test1.c,并在头部加上文件包含#include "test2.c",在函数体中求出某个数字的个位、十位和百位,再去调用 cub 函数。最后编写 cub 函数,其所在文件命名为 test2.c,在函数体中判断输入的数的每一位数字的立方和是否等于其本身,如果满足条件,返回值 1,否则返回值 0。注意在函数定义头部加上 static,目的是使其他文件只有通过加入文件包含才能调用该函数。

具体算法如下。

① 编写主函数,利用 for 语句控制循环从 100 到 999 多次调用 daff 函数。

② 编写 daff 函数,求出某数的个位、十位和百位,调用 cub 函数,如果该函数的返

回值为 1，则输出该水仙花数。

③ 编写 cub 函数，如果某数各位的立方和等于其本身，则返回值 1，否则返回值 0。

3. 项目代码

代码清单 9.10：

文件 test.c：

```
#include "test1.c"
main()
{
    int n;
    printf("有如下水仙花数:\n");
    for(n=100;n<=999;n++)
        daff(n);
}
```

文件 test1.c：

```
#include "test2.c"
static void daff(int n)
{
    int g,s,b;
    g=n%10;
    s=n/10%10;
    b=n/100;
    if(cub(g,s,b,n)==1)
        printf("%d\n",n);
}
```

文件 test2.c：

```
static int cub(int g,int s,int b,int n)
{
    if(g*g*g+s*s*s+b*b*b==n)
        return 1;
    else
        return 0;
}
```

本章小结

本章首先描述了教务管理系统登录模块设计实例；然后介绍了宏定义、文件包含、条件编译，同时介绍了常见的编译错误与解决办法；最后进行了实例的分析与实现，并通过了结果验证，以及寻找水仙花数进阶案例的分析与实现。其中不带参数的宏定义、文件包含、宏定义的标识符作为编译条件是重点内容，带参数的宏定义、常量表达式的值作为编译条件是难点内容。

通过对本章的学习，读者应该能够熟练掌握宏定义的格式及使用方法；熟练掌握文件包含的格式及使用方法；掌握条件编译的格式及使用方法；调试编译过程中遇到的编译错误，并运用本章知识解决实际应用问题。

同步训练

一、选择题

1. 以下有关宏替换的叙述不正确的是（　　）。
   A. 使用宏定义可以嵌套　　　　　　　B. 宏定义语句不进行语法检查
   C. 双引号中出现的宏名不替换　　　　D. 宏名必须用大写字母表示

2. 若有以下宏定义：

```
#define N 2
#define f(n) ((N+1)*n)
```

则执行语句 "a=3*(N+f(5));" 后的结果是（　　）。

   A. 语句有错误　　　B. a=51　　　　　C. a=80　　　　　D. a 无定值

3. 以下叙述中不正确的是（　　）。
   A. 预处理命令行都必须以#号开始，结尾不加分号
   B. 在程序中凡是以#号开始的语句行都是预处理命令行
   C. C 程序在执行过程中对预处理命令进行处理
   D. 预处理命令可以放在程序中的任何位置

4. 以下程序的输出结果是（　　）。

```
#include "stdio.h"
#define F(x) 2.84+x
#define w(y) printf("%d",(int)(y))
#define P(y) w(y)
main()
{ int x=2;
  P(F(5)*x);
}
```

   A. 12　　　　　　　B. 13　　　　　　　C. 14　　　　　　　D. 16

5. 以下说法正确的是（　　）。
   A. 宏定义是 C 语句，要在行末加分号
   B. 可以使用#undefine 提前结束宏名的使用
   C. 在进行宏定义时，宏定义不能嵌套
   D. 双引号中出现的宏名也要进行替换

6. 有以下程序：

```
#define F(X,Y) (X)*(Y)
main()
```

```
{ int a=3, b=4;
  printf("%d\n", F(a++, b++));
}
```

程序运行后的输出结果是（　　　）。

　A．12　　　　　　　　B．15　　　　　　　　C．16　　　　　　　　D．20

二、填空题

1．C 语言提供的预处理功能主要有_____、_____、_____。

2．C 语言规定预处理命令必须以_____开头。

3．预处理命令不是 C 语句，不必在行末加_____。

4．以头文件 stdio.h 为例，文件包含的两种格式为_____和_____。

5．定义宏的关键字是_____。

三、程序设计题

1．定义一个带参数的宏，实现求两个整数的余数，通过宏调用，输出求得的结果。

2．输入一个整数 m，判断它能否被 3 整除。要求利用带参数的宏实现。

3．用条件编译方法实现将一行电报加密，每个字母变为下一个字母（a 变为 b、a 变为 c……z 变为 a），例如输入字符串“sizeof”，加密后输出“tjafpg”。用宏定义来控制是否要加密，例如若有“#define CHANGE 1”，则加密后输出；若有“#define CHANGE 0”，则按照原码输出。

第 **10** 章　指针

学习目标

- 掌握指针的定义、初始化及引用方法。
- 掌握利用指针来引用单个变量的方法。
- 掌握利用指针来引用数组的方法。
- 掌握利用指针来引用字符串的方法。
- 掌握将指针作为函数参数的使用方法。
- 掌握 C 语言程序设计中使用指针时常见的编译错误与解决办法。

实例描述——求一名同学所有课程的平均成绩

某同学参加了 10 门课程的考试，输入该同学 10 门课程的成绩，求该同学 10 门课程的平均成绩。程序设计过程中，要求定义一个函数，用指针操作实现求数组中元素的平均值。函数原型可声明为 "double average(int *p,int n)"，参数 p 为指向整型数组的指针变量，n 为数组中元素的个数，并在主函数中调用该函数。实例运行结果如图 10.1 所示。

```
■ "C:\Users\Administrator\Desktop\Debug\code10.22.e...   —   □   ×
请输入10门课成绩：88 99 76 78 89 93 95 86 92 85
该同学所有课程的平均成绩为：88.10
Press any key to continue
```

图 10.1　实例运行结果

知识储备

指针是 C 语言中非常特殊的一种数据类型，正确而灵活地运用指针，可以使程序简洁、紧凑、高效。本章将针对指针的概念、指针的运算以及指针的相关应用进行详细的讲解。

10.1　指针的概念及引用

前文介绍了 C 语言中最常用的基本数据类型——整型、实型和字符型，掌握了这些数据类型，用户可以使用 C 语言解决所遇到的大多数问题。

在 C 语言中，还有一种较为特殊的数据类型——指针类型，简称指针。指针是 C 语言中一种使用较为广泛的数据类型，利用指针变量可以表示各种数据结构，能很方便地使用数组和字符串，并能像汇编语言一样处理内存地址，从而编出精练而高效的程序。指针极大地丰富了 C 语言的功能，因此，必须深入地学习和掌握指针的概念，应该说，不掌握指针，就是没有掌握 C 语言的精华。

指针也是 C 语言中最难的一部分，在学习中除了要正确理解其基本概念，还必须多思考、多编程练习、多上机调试，只要做到这些，指针也是不难掌握的。

微课 10-1：指针与指针变量

10.1.1 指针的概念

在 C 语言中，所有数据都必须存放在存储器中，一般把存储器中的一字节称为一个存储单元。不同类型的数据所占用的存储单元不同，如在 VC++ 6.0 中，int 型数据占连续的 4 字节，char 型数据占 1 字节，float 型数据占连续的 4 字节，double 型数据占连续的 8 字节。为了方便对内存进行操作，每个存储单元都有一个内存编号，这个编号称为"内存单元地址"。

程序中定义了一个变量，系统会根据变量的类型为该变量分配相应字节的内存空间。变量在内存空间里存放的数据称为"变量的值"。而系统为变量分配的存储空间的首个存储单元的地址称为"变量的地址"。

通过取地址运算符"&"可以求得内存中变量的地址，其格式为"&变量名"，"&"是单目运算符，结合方向为右结合。

利用存储空间的地址，可以访问存储空间，从而获得存储空间的内容。地址就好像是一个路标，指向存储空间，因此，又把地址形象地称为指针。

【例 10.1】指针应用举例。

代码清单 10.1：

```
main()
{
    char ch='A';
    int t=12;
    double f=9.8;
    int a[3]={3,5,7};
    printf("字符型变量 ch 的地址为%p\n",&ch);
    printf("整型变量 t 的地址为%p\n",&t);
    printf("实型变量 f 的地址为%p\n",&f);
    printf("整型数组 a 的地址为%p\n",a);
}
```

运行结果如图 10.2 所示。

图 10.2　【例 10.1】运行结果

说明：

（1）取变量的地址要在变量名前加取地址运算符"&"，如使用&ch、&t、&f 分别可以得到字符型变量 ch、整型变量 t、双精度实型变量 f 的地址。

（2）输出变量的地址时可以使用格式修饰符"%p"。%p 通常表示采用十六进制形式显示某变量的内存地址，十六进制前缀"0x"或"0X"不会显示。值得注意的是，计算机系统根据内存使用情况随机给变量分配内存空间，所以不同计算机显示的结果也许会不同。

（3）在 C 语言中，数组名代表数组的地址。整型数组 a 一共占连续的 12 字节，整型数组 a 的地址就是 a，当然也可以用数组中第 1 个元素 a[0]的地址&a[0]来表示。a 和&a[0]等价。

（4）在 C 语言中，变量的地址是由计算机系统随机分配的，用户不知道变量的具体地址，但可以通过 printf 函数和%p 来查看变量的具体地址。

10.1.2　指针变量

在 C 语言中，除了用于存放数据的变量（普通变量）外，还有一种特殊的变量，专门用来存放地址，即指针变量，也可以简称为指针。指针变量的值只能是地址，不可以存放其他类型的数据。

10.1.3　指针变量的指向

若指针变量 p 中存放的是变量 a 的地址，则称指针变量 p 指向变量 a。这样，对变量 a 的访问就有两种方式，一是直接访问，即通过变量名 a 来访问；二是间接访问，即通过指向变量 a 的指针变量 p 来访问。

10.2　变量的指针和指向变量的指针变量

指针变量也是变量，是只能存放地址的一种变量，它与其他变量一样，使用前必须先定义。

10.2.1　定义一个指针变量

指针变量的定义包括以下 3 个部分。

（1）指针类型说明，即定义变量为一个指针变量。

（2）指针变量名。

（3）指针变量所指向的变量的数据类型。

微课 10-2：指针
变量的定义与
引用

定义一个指针变量的一般形式为：

类型说明符　*变量名;

其中，"*"表示这是一个指针变量，不可省略；变量名为定义的指针变量名，其命名规则必须符合标识符的命名规则；类型说明符表示该指针变量所指向的变量的数据类型。

【例 10.2】int *p;

p 是指向整型变量的指针变量，它的值是某个整型变量的地址；或者说 p 指向一个整型变量。至于 p 究竟指向哪一个整型变量，应由向 p 赋予的地址来决定。

【例 10.3】

int *pr;　　　　　　//pr 是指向整型变量的指针变量

float *pt;　　　　　//pt 是指向单精度实型变量的指针变量

char *p,*q;　　　　 //p、q 是指向字符型变量的指针变量

应该注意的是，一个指针变量只能指向一个同类型的变量，如 pt 只能指向单精度实型变量，不能时而指向一个单精度实型变量，时而又指向一个字符型变量。

10.2.2　确定指针变量的指向

指针变量同普通变量一样，使用之前不仅要定义，而且必须赋予其具体的值。未经赋值的指针变量不能使用，否则将造成系统混乱，甚至死机。指针变量的赋值只能赋予地址，决不能赋予任何其他数据，否则将出现错误。

确定指针变量的指向有以下两种方法。

1．给指针变量赋值

【例 10.4】int a=3,b=7,*p,*q;

p=&a;　　　　　　//p 中存放的是变量 a 的地址，确定指针变量 p 指向整型变量 a

q=&b;　　　　　　//q 中存放的是变量 b 的地址，确定指针变量 q 指向整型变量 b

2．初始化指针变量

【例 10.5】char a='B',*p=&a;　　　//p 中存放的是变量 a 的地址

先定义字符型变量 a，再定义指针变量 p，并用变量 a 的地址&a 来初始化 p，使 p 指向字符型变量 a。

10.2.3　指针变量的引用

1．指向运算符

指向运算符的使用格式为"*指针变量名"，其中"*"为指向运算符，是单目运算符，结合方向为右结合。

指向运算符的作用：求运算符后面的指针变量所指向的变量的值，即指针变量所指向的存储空间的内容。

注意：运算符"*"后面必须是指针变量，而不能是普通变量。

2. 引用指针变量指向的变量

【例 10.6】求两个整数的和。

代码清单 10.2：

```
main()
{
    int a=7,b=9,*p;
    p=&a;
    *p=*p+b;
    printf("%d,%d\n",a,*p);
}
```

运行结果如图 10.3 所示。

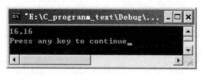

图 10.3　例【10.6】运行结果

说明：指针变量 p 中存放的是整型变量 a 的地址，所以*p 是 p 指向的变量，即 a。*p 与 a 等价。

10.2.4　指向变量的指针变量程序举例

【例 10.7】采用指针变量对两个整数进行从小到大排序。

代码清单 10.3：

```
main()
{
    int a,b,*t,*p,*q;
    p=&a;
    q=&b;
    printf("请输入两个整数: ");
    scanf("%d%d",p,q);
    if(*p>*q)
    {
        t=p;
        p=q;
        q=t;
    }
    printf("两个整数从小到大排序为: %d, %d\n",*p,*q);
}
```

运行代码，输入数据"7␣3"后运行结果如图 10.4 所示。

图 10.4 【例 10.7】运行结果

说明：

（1）指针变量 p、q 中分别存放的是整型变量 a、b 的地址，"scanf("%d%d",p,q);" 和 "scanf("%d%d",&a,&b);" 等价。

（2）运行代码，输入 "7⊔3" 后，a 的值是 7，b 的值是 3，p 指向 a，q 指向 b，如图 10.5 所示。如果条件*p>*q 成立，交换 p、q 的值，即 p 指向 b，q 指向 a，如图 10.6 所示。

（3）if 语句执行前，p 指向 a，q 指向 b；if 语句执行后，p 指向 b，q 指向 a。换句话说就是，交换了 p、q 的值，就改变了 p、q 的指向。

图 10.5　p、q 交换前　　　　　　图 10.6　p、q 交换后

10.3　数组指针和指向数组的指针变量

前文介绍了单个变量的指针和指向单个变量的指针变量，如果指针变量中存放的是单个变量的地址，就可以使用指针变量来间接引用单个变量。那么如何使用指针变量来引用数组呢？一个数组包含若干个元素，每个元素都在内存中占用存储空间，每个元素都有相应的地址。所谓数组的地址，是指数组的起始地址，也就是第一个元素的地址；数组元素的地址是每个数组元素的地址。

【例 10.8】数组指针举例。

代码清单 10.4：

```
main()
{
    char a[2];
    float b[3];
    double c[2];
    printf("字符型数组 a 的首地址为%p\n",a);
    printf("字符型数组 a 的各元素地址为%p,%p\n",&a[0],&a[1]);
    printf("单精度类型数组 b 的首地址为%p\n",b);
    printf("单精度类型数组 b 的各元素地址为%p,%p,%p\n",&b[0],&b[1],&b[2]);
```

```
        printf("双精度类型数组 c 的首地址为%p\n",c);
        printf("双精度类型数组 c 的各元素地址为%p,%p\n",&c[0],&c[1]);
}
```

运行结果如图 10.7 所示。

图 10.7 【例 10.8】运行结果

说明：

（1）数组在内存中占据的内存空间必须是连续的一块空间。字符型数组 a 在内存中占据两字节的连续内存单元，单精度实型数组 b 在内存中占据 12 字节的连续内存单元，双精度实型数组 c 在内存中占据 16 字节的连续内存单元。

（2）数组的地址是指数组的起始地址，也就是第一个元素的地址。字符型数组 a 的地址为&a[0]，单精度实型数组 b 的地址为&b[0]，双精度实型数组 c 的地址为&c[0]。

（3）在 C 语言中，数组名代表数组的地址，即 a 和&a[0]等价，b 和&b[0]等价，c 与&c[0]等价。

10.3.1 定义一个指针变量指向一维数组

定义指向一维数组的指针变量的一般形式为：

类型说明符　*变量名;

微课 10-3：指针与一维数组

其中，"*"表示这是一个指针变量，不可省略；变量名为定义的指针变量名，其命名规则必须符合标识符的命名规则；类型说明符表示该指针变量所指向的一维数组的数据类型。

【例 10.9】int a[3],*p;　　//定义一维整型数组 a、指针变量 p

　　　　　　p=&a[0];　　//让 p 指向一维整型数组 a

p 是一个指针变量，它的值是某个整型变量的地址，也可以是整型数组的地址。"p=&a[0];"和"p=a;"等价，表示 p 指向一维数组 a，也就是 p 指向一维数组 a 的第 1 个元素。

【例 10.10】char b[4];　　//定义一个字符型数组 b

　　　　　　char *q=b;　　//定义指针变量 q，让其指向字符型数组 b

"q=&b[0];"和"q=b;"等价，表示 q 指向一维字符型数组 b，也就是 q 指向一维数组 b 的第 1 个元素。

10.3.2 一维数组元素的表示法

引用数组元素可以用索引法，还可以用地址法和指针法。地址法通过数组元素的地址来引用数组元素，指针法通过定义一个指针变量指向数组元素来引用数组元素。

1．地址法

对于一维数组 a，在 C 语言中，数组名 a 代表数组在内存中的起始地址，也就是第 1 个元素的地址，即 a 与&a[0]等价；a+i 代表元素 a[i]的地址，即 a+i 与&a[i]等价；a+i 所指向的地址的内容就是 a[i]，即*(a+i)与 a[i]等价。

因此，一维数组 a 中的元素 a[i]用地址法可表示为*(a+i)。

由于 a+i 代表 a[i]在内存中的地址，在对数组元素 a[i]进行操作时，系统内部实际上是按数组的首地址（a 的值）加上位移量 i 找到 a[i]在内存中的地址，然后找出该存储空间的内容的，即 a[i]的值。

2．指针法

设 a 是一维数组，p 是一个指针变量。

若 p 的初值为 a（或者&a[0]），则 p 指向数组元素 a[0]，p+i 指向数组元素 a[i]，因此，*(p+i)就是 a[i]，所以数组元素 a[i]可以用指针法表示为*(p+i)。

数组元素 a[i]还可以用 p 表示为带索引的形式 p[i]。

访问一维数组元素的方法可归纳为表 10.1。

表 10.1　访问一维数组元素的方法

引用一维数组元素的地址		引用一维数组元素的值	
索引法	地址法/指针法	索引法	地址法/指针法
&a[i]	a+i	a[i]	*(a+i)
&p[i]	p+i	p[i]	*(p+i)

10.3.3 指针变量的运算

1．指针的移动

指针变量初始化后，可以通过与一个整数进行加减运算来移动指针。例如，如果 p 是一个指针变量，初始化后让它指向数组的某个元素，则可以移动指针 p 的运算包括 p+n、p−n、p++、++p、p−−、−−p。进行加法运算时，表示 p 向地址增大的方向移动；进行减法运算时，表示 p 向地址减小的方向移动。移动的具体长度取决于指针指向的数据类型。设 p 是指向 type（type 代表类型关键字，如 char、int、float 等）类型的指针，n 是整型表达式，则 p±n 为一个新地址，其值为 p±n×sizeof(type)，即在 p 的基础上增加或减少了 n×sizeof(type)字节。若指针仅仅移动 1×sizeof(type)字节，则常用运算符++或−−来实现，该运算在数组中比较常用。

【例 10.11】移动指针举例。

代码清单 10.5：

```
main()
{
    int a[10],*p;
    p=a;
    p=p+2;
    printf("%p\n",a);
    printf("%p\n",p++);
    printf("%p\n",++p);
}
```

运行结果如图 10.8 所示。

图 10.8 【例 10.11】运行结果

说明：

（1）"p=a;"表示 p 的初始值为 a（数组名 a 表示数组的地址），即 p 指向数组 a 的第 1 个元素 a[0]。

（2）"p=p+2;"表示 p 的值变成了 a+2，即 p 指向数组 a 的第 3 个元素 a[2]。

（3）"printf("%p\n",a);"表示先按十六进制输出 a 的值，即整型数组 a 的地址，也就是第 1 个元素 a[0]的地址。

（4）"printf("%p\n",p++);"表示先按十六进制输出 p 的值，即 a[2]的地址；再让 p 的值指向下一个元素 a[3]，即在 p 值上增加 4 字节。

（5）"printf("%p\n",++p);"表示先让 p 的值指向下一个元素 a[4]，即在 p 值上又增加 4 字节；再按十六进制输出 p 的值，即 a[4]的地址。

2. 同类型指针变量之间的运算

指向同一数组的两个指针变量之间可以进行运算。

（1）两个指针变量相减。

两个指针变量相减之差即两个指针之间的相对距离（相差数组元素个数），实际上是两个指针值（地址）相减之差再除以该数组元素的长度（字节数）。

两个指针变量不能做加法运算，做加法运算毫无实际意义。

【例 10.12】两个指针变量相减举例。

代码清单 10.6：

```
main()
```

```
{
    int a[10],*p1,*p2;
    p1=&a[2];
    p2=&a[5];
    printf("%p\n",p1);
    printf("%p\n",p2);
    printf("%d\n",p2-p1);
}
```

运行结果如图 10.9 所示。

图 10.9 【例 10.12】运行结果

说明：

■ "p1=&a[2];"表示 p1 的初始值为 a[2]的地址，即 p1 指向数组 a 的第 3 个元素 a[2]。

■ "p2=&a[5];"表示 p2 的初始值为 a[5]的地址，即 p2 指向数组 a 的第 6 个元素 a[5]。

■ "printf("%p\n",p1);"表示按十六进制输出 p1 的值，输出结果为 0012FF60（十六进制）。

■ "printf("%p\n",p2);"表示按十六进制输出 p2 的值，输出结果为 0012FF6C（十六进制）。

■ "printf("%d\n",p2-p1);"输出为 3，表示 p1 与 p2 相差 3 个元素，p2-p1 的结果为 (0x12FF6C-0x12FF60)/4=3。

（2）两个指针变量的关系运算。

指向同一数组的两个指针变量进行关系运算可表示它们所指数组元素之间的关系。

【例 10.13】两个指针变量的关系运算举例。

代码清单 10.7：

```
#define N 10
main()
{
    int a[N]={1,2,3,4,5,6,7,8,9,10},*p,sum=0;
    p=a;
    for(;p-a<N;p++)
        sum+=*p;
    printf("%d\n",sum);
}
```

运行结果如图 10.10 所示。

图 10.10 【例 10.13】运行结果

说明：

- 在 for 语句的循环条件表达式"p-a<N"中，p 是指针变量，也是循环变量，通过 p++来访问每一个数组元素，累加求和；而 a 是指针常量，它的值是数组的首地址，p-a 的值是当前循环访问到的数组元素的索引。"p-a<N"与"p<a+N"等价。

- 指针变量还可以与 0 比较。设 p 为指针变量，则"p==0"表示 p 是空指针，它不指向任何变量；"p! =0"表示 p 不是空指针。

- 如果 p1、p2 是两个指针变量，分别指向数组 a 的不同元素，则"p1==p2"表示 p1 和 p2 指向同一数组元素；"p1>p2"表示 p1 处于高地址位置；"p1<p2"表示 p1 处于低地址位置。

10.3.4 指向一维数组的指针变量程序举例

【例 10.14】求数组中的最大值。

1. 索引法

代码清单 10.8：

```
#define N 10
main()
{
    int a[N],i,max;
    printf("请输入%d 个数据: ",N);
    for(i=0;i<N;i++)
        scanf("%d",&a[i]);
    max=a[0];
    for(i=0;i<N;i++)
        if(max<a[i])
            max=a[i];
    printf("最大值为%d\n",max);
}
```

2. 地址法

代码清单 10.9：

```
#define N 10
main()
{
    int a[N],i,max;
```

```
    printf("请输入%d 个数据: ",N);
    for(i=0;i<N;i++)
            scanf("%d",a+i);
    max=*a;
    for(i=0;i<N;i++)
            if(max<*(a+i))
                    max=*(a+i);
    printf("最大值为%d\n",max);
}
```

3. 指针法

代码清单 10.10:

```
#define N 10
main()
{
    int a[N],max;
    int *p;
    printf("请输入%d 个数据: ",N);
    for(p=a;p<a+N;p++)
            scanf("%d",p);
    max=*a;
    for(p=a;p<a+N;p++)
            if(max<*p)
                    max=*p;
    printf("最大值为%d\n",max);
}
```

运行代码，并输入数据后 3 种方法的结果均如图 10.11 所示。

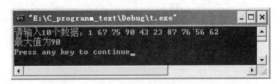

图 10.11 【例 10.14】运行结果

说明：一维数组中可以采用索引法、地址法和指针法来引用其中的任意一个元素；需要注意的是，索引和指针可能发生了变化，如 i++、p++，在使用前一定要明确。

微课 10-4：指针
与字符数组

10.4 字符指针和指向字符串的指针变量

按照前文所学知识，字符指针可以指向字符变量，但是在实际应用中，也可以让字符指针指向一个字符串，该字符串可以是一个常量字符串，也可以是一个存储字符串的字符数组。

10.4.1　字符串的存储和运算

在 C 语言中，可以用两种方法访问一个字符串。

1．用字符数组访问

【例 10.15】用字符数组存储和运算字符串举例。

代码清单 10.11：

```
main()
{
    char string[20]="I love China!";
    printf("%s\n",string);
    printf("%s\n",string+7);
}
```

运行结果如图 10.12 所示。

图 10.12　【例 10.15】运行结果

语句 "char string[20]="I love China!";" 定义了一个一维字符数组 string，数组中存放了一个字符串"I love China!"。string 是数组名，代表字符数组的首地址，也就是第 1 个元素 string[0]的地址，string+7 是第 8 个元素 string[7]的地址。将数组名 string 和数组索引 i 结合起来可以访问任意一个元素，如 "s[i]" 与 "*(s+i)" 等价，是同一个元素；"&s[i]" 与 "s+i" 等价，是同一个元素的地址。例如：

```
char string[20]="I love China!";
```

不能写成

```
char string[20];
string="I love China!";
```

2．用字符指针访问

【例 10.16】用字符指针存储和运算字符串举例。

代码清单 10.12：

```
main()
{
    char *p="I love China!";
    printf("%s\n",p);
    printf("%s\n",p+7);
}
```

运行结果如图 10.13 所示。

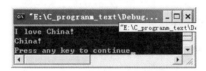

图 10.13 【例 10.16】运行结果

语句 "char *p="I love China!";" 定义了一个字符指针变量 p，将字符串"I love China!" 的首地址赋值给 p，使字符指针变量 p 指向字符串的第一个元素。例如：

```
char *p="I love China!";
```

等价于

```
char *p;
p="I love China!";
```

10.4.2　字符指针变量与字符数组的区别

用字符数组和字符指针变量都可实现字符串的存储和运算，但是两者是有区别的，在使用时应注意以下几个问题。

（1）字符指针变量本身是一个变量，用于存放字符串的首地址，而字符串本身是以 "\0" 作为结束标志并存放在以该地址为首的一块连续的内存空间中的。字符数组是由若干个数组元素组成的，它可用来直接存放整个字符串，不一定有结束标志 "\0"。

（2）字符指针方式运算语句

```
char *ps="C Language";
```

可以写为

```
char *ps;
ps="C Language";
```

而数组方式运算语句

```
char st[]={"C Language"};
```

不能写为

```
char st[20];
st={"C Language"};
```

只能对字符数组的各元素逐个赋值：st[0]= 'C'; st[1]= ' '; st[2]= 'L';…。

（3）一个指针变量在未取得确定地址前就使用是危险的，容易引起错误。但是对指针变量直接赋值是可以的。因为 C 语言对指针变量赋值时会给以确定的地址，所以，

```
char *ps="C Langage";
```

或者

```
char *ps;
ps="C Language";
```

都是合法的。

（4）字符指针在接收键盘输入的字符串时，必须先开辟存储空间。对于字符数组 str[20]

可以用语句"scanf("%s",str);"进行输入。而对于字符指针 p 则不能直接用语句
"scanf("%s",str);"进行输入，必须先给 p 开辟存储空间才可以，即

```
char p,str[20];
p=str;
scanf("%s",p);
```

才是正确的。

从以上几点可以看出，字符指针变量与字符数组在使用时的区别，同时也可以看出使用指针变量更加方便、更加高效。

10.4.3 指向字符串的指针变量程序举例

【例 10.17】用字符指针实现求字符串长度。

代码清单 10.13：

```
main()
{
    char str[100],*p;
    int k=0;
    p=str;
    printf("请输入一个字符串：");
    gets(p);
    for(;*p!='\0';p++)
        k++;
    printf("该字符串的长度为%d\n",k);
}
```

运行代码并输入数据后结果如图 10.14 所示。

图 10.14 【例 10.17】运行结果

说明：

（1）k 为整数，用来存放字符串实际字符的个数，初始值为 0。

（2）p 为字符指针变量，初始化后指向字符数组 str 的首地址。

（3）"gets(p)"与"gets(str)"等价，均为从键盘上接收一个字符串，字符串中可以包含空白字符。

（4）"for(;*p!= '\0';p++) k++;"用来统计字符串的实际字符个数。"*p!= '\0'"用来判断字符串是否结束。

【例 10.18】分别统计字符串中大写字母、小写字母、数字及空格的个数。

代码清单 10.14:

```
main()
{
    char str[100],*p;
    int k[4]={0};
    p=str;
    printf("请输入一个字符串: ");
    gets(p);
    for(;*p!='\0';p++)
    {
        if(*p>='A' && *p<='Z')
                k[0]++;//统计大写字母的个数
        else if(*p>='a' && *p<='z')
                k[1]++;//统计小写字母的个数
        else if(*p>='0' && *p<='9')
                k[2]++;//统计数字的个数
        else if(*p==' ')
                k[3]++;//统计空格的个数
    }
    printf("该字符串中大写字母的个数为%d\n小写字母的个数为%d\n数字的个数为%d\n空格的
个数为%d\n",k[0],k[1],k[2],k[3]);
}
```

运行代码并输入数据后结果如图 10.15 所示。

图 10.15 【例 10.18】运行结果

说明:

（1）k[0]、k[1]、k[2]、k[3]为整数，用来存放不同字符的个数，初始值都为 0。

（2）p 为字符指针变量，初始化后指向字符数组 str 的首地址。

（3）"gets(p)"与"gets(str)"等价，均为从键盘上接收一个字符串，字符串中可以包含空白字符。

（4）"if(*p>='A' && *p<='Z') k[0]++;"与"if(*p>=65 && *p<=90) k[0]++;"作用相同，均用来统计字符串中大写字母个数。

10.5 指针作为函数参数

微课 10-5：指针作为函数参数

函数的参数不仅可以是整型、实型、字符型等数据，还可以是指针类型数据。其作用是将一个地址值传递给被调函数中的形参指针变量，使形参指针变量指向实参指针变量指向的变量，即在函数调用时确定形参指针变量的指向。

10.5.1 指向变量的指针作为函数的参数

【例 10.19】定义一个函数，实现用指针对两个数进行交换。函数原型可声明为 "void exchange(int *p,int *q)"，参数为指针变量 p、q。函数定义如下。

```
void exchange(int *p,int *q)
{
    int t;
    t=*p;
    *p=*q;
    *q=t;
}
```

为了判断该函数定义是否正确，可以在主函数中调用该函数，看能否实现其功能。

代码清单 10.15：

```
void exchange(int *p,int *q)
{
    int t;
    t=*p;
    *p=*q;
    *q=t;
}
main()
{
    int a,b;
    printf("请输入两个数：");
    scanf("%d%d",&a,&b);
    if(a>b)
        exchange(&a,&b);
    printf("两个数从小到大排序为：%d, %d\n",a,b);
}
```

运行代码并输入数据后结果如图 10.16 所示。

图 10.16 代码清单 10.15 运行结果

说明：

调用 exchange 函数时，实参&a 的值传递给形参指针变量 p，实参&b 的值传递给形参指针变量 q。

10.5.2　指向数组的指针作为函数的参数

【例 10.20】定义一个函数，用指针实现数组元素从小到大排序。函数原型可声明为 "void sort (int *p,int n)"，参数 p 为指向整型数组的指针变量，n 为数组中元素的个数。函数定义如下。

```
void sort(int *p,int n)
{
    int i,j,t;
    for(i=0;i<n-1;i++)
        for(j=0;j<n-1-i;j++)
            if(p[j]>p[j+1])
            {
                t=p[j];
                p[j]=p[j+1];
                p[j+1]=t;
            }
}
```

为了判断该函数定义是否正确，可以在主函数中调用该函数，看能否实现其功能。

代码清单 10.16：

```
void sort(int *p,int n)
{
    int i,j,t;
    for(i=0;i<n-1;i++)
        for(j=0;j<n-1-i;j++)
            if(p[j]>p[j+1])
            {
                t=p[j];
                p[j]=p[j+1];
                p[j+1]=t;
            }
}
main()
{
    int a[10],i;
    printf("请输入10个整数: ");
    for(i=0;i<10;i++)
        scanf("%d",&a[i]);
    sort(a,10);
```

```
        printf("数据从小到大排序为: ");
        for(i=0;i<10;i++)
                printf("%d,",a[i]);
}
```

运行代码并输入数据后结果如图 10.17 所示。

图 10.17　代码清单 10.16 运行结果

说明：

调用 sort 函数时，实参 a 的值传递给形参指针变量 p，实参 10 传递给形参 n。

10.5.3　指向字符串的指针作为函数的参数

【例 10.21】定义一个函数，将一个字符串复制到另一个字符串中。函数原型可声明为"void StringCopy(char *p,char *q)"，参数 q 指向被复制的字符串。函数定义如下。

```
void StringCopy(char *p,char *q)
{
        for(;*q!='\0';q++,p++)
                *p=*q;
        *p='\0';
}
```

为了判断该函数定义是否正确，可以在主函数中调用该函数，看能否实现其功能。

代码清单 10.17：

```
void StringCopy(char *p,char *q)
{
        for(;*q!='\0';q++,p++)
                *p=*q;
        *p='\0';
}
main()
{
        char a[20],b[20];
        printf("请输入一个字符串给数组 b: ");
        gets(b);
        StringCopy(a,b);
        printf("b 复制到 a 中后，数组 a 为: %s\n",a);
}
```

运行代码并输入数据后结果如图 10.18 所示。

C 语言程序设计（第 3 版）（微课版）

图 10.18 代码清单 10.17 运行结果

10.6 常见编译错误与解决办法

指针程序设计过程中常见的错误、警告及解决办法举例如下。

1. 指针变量 p 初始化后，在输入语句中使用"&p"

代码清单 10.18：

```
main()
{
    int a,*p=&a;
    printf("请输入一个整数：");
    scanf("%d",&p);
    printf("该整数为%d\n",*p);
}
```

编译调试没有错误和警告，如下所示：

`code10_18.exe - 0 error(s), 0 warning(s)`

运行程序时输入数据会出现莫名其妙的错误，如图 10.19 所示。

图 10.19 代码清单 10.18 运行结果

解决办法：将语句"scanf("%d",&p);"改成"scanf("%d",p);"。语句"scanf("%d",p);"表示输入一个整数，并将数据保存在 p 所指向的存储空间。

2. 指针指向数组的某个元素后，随着指针的变化，可能指向不确定的数据

代码清单 10.19：

```
main()
{
    int a[10],*p,max;
    printf("请输入 10 个数：");
    for(p=a;p<a+10;p++)
```

188

```
            scanf("%d",p);
    max=*p;
    for(p=a;p<a+10;p++)
            if(max<*p)
                max=*p;
    printf("数组中最大值为%d\n",max);
}
```

编译调试没有错误和警告，如下所示：

`code10_19.exe - 0 error(s), 0 warning(s)`

在运行程序输入 10 个数据后，运行结果中出现一些莫名其妙的数据，如图 10.20 所示。

图 10.20　代码清单 10.19 运行结果

解决办法：由于循环输入数据时，"p++"让 p 指向下一个元素，循环 10 次后，p 指向一个未定义的数据，语句"max=*p;"让 max 得到一个不确定的数据。因此该语句应该改为"p=a;max=*p;"，让 p 重新指向数组首部，将第 1 个元素的值赋值给 max。

3. 指针作为函数参数，调用函数时实参也必须表示地址

代码清单 10.20：

```
int StringLength(char *p)
{
    int sum=0;
    for(;*p!='\0';p++)
            sum++;
    return(sum);
}
main()
{
    char a[20];
    int m;
    printf("请输入一个字符串：");
    gets(a);
    m=StringLength(&a);
    printf("该字符串中有效字符为%d 个\n",m);
}
```

警告显示：

```
warning C4047: 'function' : 'char *' differs in levels of indirection from 'char (*)[20]'
warning C4024: 'StringLength' : different types for formal and actual parameter 1
```

解决办法：在 C 语言中，数组名代表数组的首地址，因此应将语句"m=StringLength(&a);"中的实际参数改成 a 或&a[0]。

4. 字符串是以"\0"为结束标志的，在将一个字符串复制到另外一个字符串时，"\0"也要复制，否则输出时会出现乱码

代码清单 10.21：

```
void StringCopy(char *p,char *q)
{
     for(;*q!='\0';q++,p++)
          *p=*q;
}
main()
{
     char a[20],b[20];
     printf("请输入一个字符串给数组b: ");
     gets(b);
     StringCopy(a,b);
     printf("b 复制到 a 中后，数组 a 为:%s\n",a);
}
```

编译调试没有错误和警告，如下所示：

`code10_21.exe - 0 error(s), 0 warning(s)`

运行程序，输入字符串"abcd1234"后，运行结果中出现一些莫名其妙的乱码，如图 10.21 所示。

图 10.21　代码清单 10.21 运行结果

解决办法：将数组 b 中的字符串"abcd1234"复制到数组 a 中时，要让数组 a 有一个字符串结束的标志"\0"，所以应在"void StringCopy(char *p,char *q)"函数定义时最后加上一条语句"*p='\0';"，以示字符串复制结束。

```
void StringCopy(char *p,char *q)
{
     for(;*q!='\0';q++,p++)
          *p=*q;
     *p='\0';
}
```

实例分析与实现

1. 实例分析

首先定义函数"double average(int *p,int n)",参数 p 为指向整型数组的指针变量,n 为数组中元素的个数。该函数的功能是累加求和,将所得值除以 n 得到平均值并返回。然后在主函数中定义一个数组 a,长度为 10,其元素全部为整型数据,循环 10 次,采用 scanf 函数接收 10 个整数,依次存放在数组 a 中,再调用函数 average 得到返回值并存放在 f 中,该函数的两个实参分别为 a 和 10。最后采用 printf 函数输出 f 的值,保留 2 位小数。

具体算法如下。

① 定义一个计算平均值的函数 average。

② 在 average 函数中利用 for 语句计算数组元素的和,用求出的和除以数组元素个数得到平均值,并用 return 语句返回平均值。

③ 在主函数中定义一个包含 10 个元素的一维数组。

④ 利用 for 语句结合 scanf 函数输入数组元素的值。

⑤ 调用 average 函数,并将返回值输出。

2. 项目代码

代码清单 10.22:

```
double average(int *p,int n)
{
    double ave=0;
    int i;
    for(i=0;i<n;i++)
        ave=ave+p[i];
    ave=ave/n;
    return(ave);
}
main()
{
    int a[10],i;
    double f;
    printf("请输入10门课成绩: ");
    for(i=0;i<10;i++)
        scanf("%d",&a[i]);
    f=average(a,10);
    printf("该同学所有课程的平均成绩为%.2f\n",f);
}
```

进阶案例——大小写字母转换

1．案例介绍

编写一个函数，利用指针变量实现将字符串中的大写字母转换成小写字母，其他字符不变。函数原型可声明为"void StrToLower(char *str)"，参数 str 指向要转换的字符串，并在主函数中调用该函数。

2．案例分析

首先定义函数"void StrToLower(char *str)"，其参数 str 指向要转换的字符串，字符串中如有大写字母，则转换成小写字母，其他字符不变。然后在主函数中采用 gets 函数从键盘上接收一个字符串，存放在数组 a 中；再调用函数 StrToLower，其实参为 p 或 a，传递给形参 str。最后调用 puts 函数显示转换后的结果。

具体算法如下。

① 定义一个转换函数，函数体中利用 for 语句结合 if 语句对参数 str 指向的字符串中的每个字符进行判断，若为大写字母就将其转换成小写字母，否则不变。

② 在主函数中利用 gets 函数接收一个字符串，存放到数组 a 中。

③ 调用转换函数。

④ 使用 puts 函数输出转换后的结果。

3．项目代码

代码清单 10.23：

```
void StrToLower(char *str)
{
    for(;*str!='\0';str++)
        if(*str>='A' && *str<='Z')
            *str=*str+32;
}
main()
{
    char a[100],*p=a;
    printf("请输入一个字符串：");
    gets(p);
    StrToLower(p);
    printf("该字符串中大写字母转换成小写字母后为：");
    puts(p);
}
```

4．运行结果

运行结果如图 10.22 所示。

图 10.22 进阶案例运行结果

本章小结

本章首先描述了求一名同学所有课程的平均成绩实例；然后介绍了指针的概念、指针变量、指针操作一维数组、指针操作字符串、指针作为函数参数等，同时介绍了常见的编译错误与解决办法；最后进行了实例的分析与实现，并通过了结果验证，以及大小写字母转换进阶案例的分析与实现。其中指针变量、指针操作一维数组、指针操作字符串是重点内容，指针作为函数参数是难点内容。

通过对本章的学习，读者应该能够理解指针的概念；熟练掌握指针变量的定义和引用方法；利用指针操作一维数组和字符串；掌握指针作为函数参数的格式和使用方法，并运用本章知识解决实际应用问题。

同步训练

一、选择题

1. 语句"int a=10,*point=&a;"中，值不为地址的是（　　　）。

A．point B．&a C．&point D．*point

2. 有如下声明，则数值为 9 的表达式是（　　　）。

```
int a[10]={1,2,3,4,5,6,7,8,9,10},*p=a;
```

A．*(p+8) B．*p+9 C．*p+=9 D．p+8

3. 已有定义"int k=2;int *ptr1,*ptr2;"，且 ptr1 和 ptr2 均已指向变量 k，下面不能正确执行的赋值语句是（　　　）。

A．k=*ptr1+*ptr2 B．ptr2=k

C．ptr1=ptr2 D．k=*ptr1*(*ptr2)

4. 若有声明"int *p1,*p2,m=5,n;"，以下均是正确赋值语句的选项是（　　　）。

A．p1=&m;p2=&p1; B．p1=&m;p2=&n;*p1=*p2;

C．p1=&m;p2=p1; D．p1=&m;*p1=*p2;

5. 已有语句"int a=25;print_value(&a);"，下面函数的输出结果是（　　　）。

```
void print_value(int *x)
{ printf("%d\n",++*x); }
```

A．23 B．24 C．25 D．26

6. 以下程序段的运行结果是（　　　）。

```
main()
```

```
{ int a[]={0,2,4,6,8},*p,s=0;
  for(p=a+4;p>=a;p-=2)
    s+=*p;
  printf("%d\n ",s);
}
```

A. 8　　　　　　　B. 11　　　　　　C. 12　　　　　　D. 13

7. 下面判断正确的是（　　）。

　A. char *a="china"; 等价于 char *a; *a="china";

　B. char str[10]={"china"}; 等价于 char str[10]; str[]={ "china";}

　C. char *s="china"; 等价于 char *s; s="china";

　D. char c[4]="abc",d[4]="abc"; 等价于 char c[4]=d[4]="abc" ;

8. 下面程序段中，for 语句的执行次数是（　　）。

```
char *s="\ta\018bc";
for ( ;*s!='\0';s++)
  printf("*");
```

A. 9　　　　　　　B. 7　　　　　　C. 6　　　　　　D. 5

9. 下面程序段的运行结果是（　　）。

```
char *s="abcde";
s+=2;
printf("%d",s);
```

A. cde　　　　　　B. 字符'c'　　　　　C. 字符'c'的地址　　D. 不确定

10. 以下与库函数"strcpy(char *p1,char *p2)"功能不相等的程序段是（　　）。

　A. strcpy1(char *p1,char *p2)　　{ while((*p1++=*p2++)!='\0');}

　B. strcpy2(char *p1,char *p2)　　{ while((*p1=*p2)!='\0') {p1++;p2++ };}

　C. strcpy3(char *p1,char *p2)　　{ while(*p1++=*p2++);}

　D. strcpy4(char *p1,char *p2)　　{ while(*p2) *p1++=*p2++;}

11. 设有语句"char a[]="It is mine";char *p="It is mine";"，则以下不正确的叙述是（　　）。

　A. a+1 表示的是字符 t 的地址

　B. p 指向另外的字符串时，字符串的长度不受限制

　C. p 变量中存放的地址值可以改变

　D. a 中只能存放 10 个字符

12. 以下与"int *q[5];"等价的定义语句是（　　）。

A. int q[5];　　B. int *q;　　C. int *(q[5]);　　D. int (*q)[5];

二、填空题

1. 变量的指针，其含义是该变量的_____。

2. 定义 "int a[]={1,2,3,4,5},*p=a;"，则表达式 "*++p" 的值是_____。

3. 下面程序的运行结果是_____。

```
fun(char *s)
{  char *p=s;
   while(*p) p++;
   return (p-s);
}
main( )
{  char *a="abcdef";
   printf("%d\n",fun(a));
}
```

4. 下面函数的功能是将一个整数字符串转换为一个整数，例如"1234"转换为 1234，将程序补充完整。

```
int chnum(char *p)
{   int num=0,k,len,j;
    len=strlen(p);
    for( ;_____; p++)
    {
        k=_____;
        j=(--len);
        while(_____) k=k*10;
          num=num+k;
    }
    return num;
}
```

三、程序设计题

1. 输入 3 个整数，仅用指针法实现按由小到大的顺序输出。

2. 利用指针编程实现，借助指针变量找出数组元素中最大值所在位置并输出该最大值。

3. 利用指针编程实现，统计子字符串 substr 在主字符串 str 中出现的次数。

技能训练

通过扫描二维码观看示范操作视频，进一步巩固指针变量、指针操作一维数组、指针操作字符串、指针作为函数参数等相关知识，从而提高学习者的程序设计水平，达到学以致用的目的。

操作视频：指针的应用

第 ⑪ 章　构造类型

学习目标

- 掌握结构体定义、结构体变量和结构数组的应用。
- 掌握共用体定义、共用体变量的应用。
- 掌握枚举类型定义、枚举变量的应用。
- 掌握单链表的定义和建立方法。

实例描述——学生奖学金评定系统设计

综合积分由文化积分和德育积分构成，文化积分是所有课程成绩总和除以课程门数（平均分），德育积分是学生参加各类活动的积分，综合积分=文化积分×70%+德育积分×30%。按照学生综合积分排名，获得一等奖学金的有 1 名学生，获得二等奖学金的有 2 名学生，获得三等奖学金的有 3 名学生。实例要求输入班级学生成绩信息，输出获得奖学金的学生名单。已知学生成绩信息包括学号、姓名、英语成绩、网络成绩、C 语言成绩、数据库成绩、文化积分、德育积分和综合积分。实例运行结果如图 11.1 所示。

**素养拓展 11-1：
实验实训安全**

图 11.1　实例运行结果

知识储备

前文介绍了数组，数组中的数据类型必须是一致的，但实际应用中，一组数据往往具有不同的数据类型。例如一名学生信息包含学号（整型）、姓名（字符串类型）、性别（字符型）、年龄（整型）、成绩（实型）等，这个学生的不同信息具有不同的数据类型，所以无法用一个数组来保存该学生的信息。为此，C语言提供了"结构体"和"共用体"这样的数据类型来实现针对性处理。本章将针对结构体、共用体和枚举类型等知识进行详细的讲解。

11.1 结构体

结构体是一种较为复杂但却非常灵活的构造数据类型。一个结构体类型可以由若干个成员组成，不同的结构体类型可根据需要由不同的成员组成。对于某个具体的结构体类型，成员的数量必须固定，这一点与数组相同，但该结构体中各个成员的类型可以不同，这是结构体与数组的重要区别。因此，当需要把一些相关信息组合在一起时，使用结构体这种类型就很方便。

11.1.1 结构体类型的定义

在实际工作中，常常需要将一些相互联系的、不同类型的数据组合成一个整体，便于引用。例如处理如表11.1所示的学生C语言成绩单时。

微课11-1：结构体类型的定义

表11.1 学生C语言成绩单

学号	姓名	性别	年龄	C语言成绩
35021101	王某某	F	20	76
35021105	严某某	F	21	90
35021112	杨某某	M	19	80
35021125	周某某	M	21	93
35021130	贺某某	M	20	100

注：F表示女，M表示男。

从表11.1中可知，学生C语言成绩单是由如下几种类型的数据组成的。

整型：学号。

字符数组：姓名。

字符型：性别。

整型：年龄。

单精度实型：C语言成绩。

表11.1中任何一个学生的信息都由学号、姓名、性别、年龄和C语言成绩等数据构成，这些互相联系的数据组成一个整体，但其数据类型不同。在C语言中，通常用结构体类型表示这样的一组数据。

1. 结构体类型定义的一般形式

结构体类型定义的一般形式为：

```
struct 结构体名
{
  数据类型 1 成员列表1；
  数据类型 2 成员列表2；
  …
  数据类型 n 成员列表 n；
};
```

2. 说明

（1）struct 是定义结构体类型的关键字，其后是结构体名，这两者合称为结构体类型说明符。一般情况下，这两者要联合使用，不能分开。但在某些不需要结构体名的状态下，也可以省略结构体名。

（2）结构体的命名方法与一般变量的命名方法相同。

（3）结构体成员的数据类型可以是 C 语言允许的任何数据类型，甚至可以是某个结构体类型。结构体成员的命名方法与一般变量的命名方法相同，需要注意的是，每个成员名后面有 "；"。

（4）每个结构体成员列表中可以有一个或多个同类型的成员，如果成员多于一个，每两个成员之间用逗号分隔。

（5）在 "}" 之后是结构体定义结束符 "；"，该符号不能遗漏。

【例 11.1】按表 11.1 所示的数据定义一个学生 C 语言成绩单结构体类型。

代码清单 11.1：

```
struct student
{
  int number;
  char name[8];
  char sex;
  int age;
  float c_program;
};
```

该结构体类型的名称是 student，它由 5 个成员组成。这些结构体成员的类型分别是整型、字符数组、字符型、整型和单精度实型。

微课 11-2：结构
体变量的定义

11.1.2　结构体变量的定义

C 语言中定义结构体变量比较灵活，既可以先定义结构体类型，再定义结构体变量；也可以在定义结构体类型的同时定义结构体变量。

1. 先定义结构体类型，再定义结构体变量

先定义结构体类型，再定义结构体变量的一般形式为：

```
struct 结构体名 结构体变量名列表；
```

说明：

（1）结构体名是已经定义的结构体名。

（2）结构体变量的命名方法与一般变量的命名方法相同。如果结构体变量名列表中的变量多于一个，则各个变量之间用","分隔。

【例 11.2】定义了结构体类型 struct student 后，就可以用语句"struct student st1, st2;"定义两个结构体变量 st1 和 st2，使这两个变量具有 struct student 类型的结构，如图 11.2 所示。

int number	char name[8]	char sex	int age	float c_program

图 11.2　变量 st1 和 st2 的结构

将一个变量定义为结构体变量时，既要使用关键字 struct，也要指定结构体名。如果只使用关键字 struct，不指定结构体名，则是错误的。例如，"struct st1,st2;"就是错误的。

2. 定义结构体类型的同时定义结构体变量

定义结构体类型时，只要在最后的花括号"}"与分号";"之间插入变量名列表，即可同时定义结构体变量。其一般形式为：

```
struct    结构体名
{
    数据类型 1    成员列表 1；
    数据类型 2    成员列表 2；
    …
    数据类型 n    成员列表 n；
}变量名列表；
```

说明：如果变量名列表的变量多于一个，则每两个变量名之间用","分隔。

【例 11.3】修改【例 11.1】，在定义学生 C 语言成绩单结构体类型的同时定义结构体变量 st1、st2。

代码清单 11.2：

```
struct student
{
    int number;
    char name[8];
    char sex;
    int age;
    float c_program;
} st1,st2;
```

本例在定义学生 C 语言成绩单结构体类型 struct student 的同时定义了结构体变量 st1、st2，其功能与先定义结构体类型 struct student，再定义结构体变量 st1、st2 完全相同。

如果程序中只需要结构体变量，那么可以省略结构体名。例如代码清单 11.2 可以改写成如下形式。

代码清单 11.3：

```
struct
{
    int number;
    char name[8] ;
    char sex;
    int age;
    float c_program;
} st1,st2;
```

这种形式省略了结构体名，同样也定义了两个结构体变量 st1、st2，并为这两个结构体变量说明了它们的结构形式。

3. 使用结构体变量定义结构体

如果学生档案由两张表组成，第一张表由月（month）、日（day）、年（year）组成，第二张表由学号（number）、姓名（name）、性别（sex）、年龄（age）和生日（birthday）组成，可以先定义成员为月、日、年的结构体类型 struct date，再使用对应的结构体变量作为学生档案结构体 student 中的相应成员。

代码清单 11.4：

```
struct date
{
    int month;
    int day;
    int year;
};
struct student
{
    int number;
    char name[8] ;
    char sex;
    int age;
    struct date birthday;
} st1,st2;
```

首先定义一个结构体 date，其由 month、day、year 这 3 个成员组成。在定义并说明变量 st1 和 st2 时，其中的成员 birthday 被说明为 struct date 结构体类型。

4. 注意事项

结构体类型和结构体变量是不同的概念，在使用它们时要注意以下 4 点。

（1）结构体变量可以用来进行运算、赋值，但结构体类型不能进行运算，也不能对其进行赋值。

（2）结构体中的成员可以单独使用，成员的作用相当于普通变量。

（3）结构体中的成员本身也可以是一个结构体变量。

（4）由于结构体类型是用户根据需要自己定义的，所以结构体类型可以有多种，这是与基本类型不同的地方。

11.1.3　结构体变量的引用

1. 结构体变量的赋值

【例 11.4】定义了两个结构体变量 st1、st2，下面以给这两个变量赋如图 11.3 所示的值为例，介绍结构体变量赋值的一般方法。

微课 11-3：结构体变量的引用

st1	35021101	王某某	F	20	90
st2	35021112	杨某某	M	19	80

图 11.3　变量 st1 和 st2 的值

在定义普通变量时，可以同时给它赋初值，对其进行初始化。在定义结构体变量时，同样可以同时对它的成员赋初值，对其进行初始化。

【例 11.5】修改【例 11.3】，按图 11.3 所示给结构体变量 st1、st2 赋初值。

代码清单 11.5：

```
main()
{
  struct student
  {
    int number;
    char name[8];
    char sex;
    int age;
    float c_program;
  }st1={35013101,"王某某",'F',20,90},st2={35013112,"杨某某",'M',19,80};
  printf("st1: %d,%s,%c,%d,%f\n",st1.number,st1.name,st1.sex,st1.age,st1.c_
program);
  printf("st2: %d,%s,%c,%d,%f\n",st2.number,st2.name,st2.sex,st2.age,st2.c_
program);
}
```

运行结果如图 11.4 所示。

```
st1: 35021101,王某某,F,20,90.000000
st2: 35021112,杨某某,M,19,80.000000
Press any key to continue
```

图 11.4　【例 11.5】运行结果

【例 11.6】先定义结构体类型 struct student，再定义结构体变量 st1、st2，并按图 11.3 所示给结构体变量 st1、st2 赋初值。

代码清单 11.6：

```
main()
{
  struct student
  {
    int number;
    char name[8];
    char sex;
    int age;
    float c_program;
  };
  struct student st1={35013101,"王某某",'F',20,90},st2={35013112,"杨某某",
'M',19,80};
  printf("st1: %d,%s,%c,%d,%f\n",st1.number,st1.name,st1.sex,st1.age,st1.c_
program);
  printf("st2: %d,%s,%c,%d,%f\n",st2.number,st2.name,st2.sex,st1.age,st2.c_
program);
}
```

本程序与【例 11.5】的程序等效。运行程序时，屏幕显示信息完全相同。

2. 结构体变量的引用

【例 11.5】和【例 11.6】不仅介绍了初始化结构体变量的方法，还介绍了引用结构体变量的方法。其中的 printf 函数中用 st1.number、st1.name、st1.sex 等形式引用了结构体变量 st1 中的成员。结构体变量是包含若干个相同或不相同数据类型的数据的集合，对结构体变量的访问通常是通过对结构体中各个成员的访问来实现的。访问结构体成员的一般形式为：

结构体变量名.结构体成员名

【例 11.5】和【例 11.6】引用结构体变量 st1 和 st2 的成员使用的就是这种形式。由于结构体变量中的各个成员都是变量，所以可以使用对一般变量操作的方法引用结构体变量中的成员，只是要注意访问结构体成员的形式。

微课 11-4：结构数组

11.1.4 结构数组

数组的元素也可以是结构类型的，因此可以构成结构数组。结构数组的每一个元素都是具有相同结构类型的索引结构变量。在实际应用中，经常用结构数组来表示具有相同数据结构的一个群体。例如一个班级的学生成绩单、一个车间的工人工资表等。

结构数组的定义方法和结构变量的相似，只需声明它为数组类型即可。

【例 11.7】定义结构数组举例。

代码清单 11.7：

```
struct student
{
    int number;
    char name[8] ;
    char sex;
    int age;
    float c_program;
} stu[5];
```

本例定义了一个结构数组 stu，它共有 5 个元素 stu[0]～stu[4]，每个数组元素都具有 struct student 的结构体类型。对结构数组可以初始化赋值，代码清单 11.7 可以改写如下。

代码清单 11.8：

```
struct student
{
    int number;
    char name[8];
    char sex;
    int age;
    float c_program;
} stu[5]={
            {35013101,"王某某",'F',20,90},
            {35013105,"严某某",'F',21,95},
            {35013112,"杨某某",'M',19,80},
            {35013125,"周某某",'M',21,93},
            {35013130,"贺某某",'M',20,100}
        };
```

【例 11.8】计算 350131 班级所有学生的 C 语言课程平均成绩。

代码清单 11.9：

```
struct student
{
    int number;
    char name[8];
    char sex;
    int age;
    float c_program;
}stu[5]={
        {35013101,"王某某",'F',20,90},
        {35013105,"严某某",'F',21,95},
        {35013112,"杨某某",'M',19,80},
```

```
        {35013125,"周某某",'M',21,93},
        {35013130,"贺某某",'M',20,100}
    };
main()
{
    int i;
    float ave,sum=0;
    for(i=0;i<=4;i++)
        sum=sum+stu[i].c_program;
    ave=sum/5;
    printf("ave=%.1f\n",ave);
}
```

运行结果：输出“ave=91.6”。

本例程序中定义了一个外部结构数组 stu，它共有 5 个元素，并做了初始化，在 main 函数中用 for 语句逐个累加各元素的 c_program 成员值，求出该班级 C 语言课程总分 sum，然后计算平均成绩 ave 并输出。

也可以对结构数组只定义，不做初始化，而在 main 函数中通过 scanf 函数输入，代码清单 11.9 可修改如下。

代码清单 11.10：

```
struct student
{
    int number;
    char name[8];
    char sex;
    int age;
    float c_program;
}stu[5];
main()
{
    int i;
    float ave,sum=0;
    for(i=0;i<=4;i++)
        scanf("%d%s%c%d%f",&stu[i].number,stu[i].name,&stu[i].sex,&stu[i].age,&stu[i].c_program);
    for(i=0;i<=4;i++)
        sum=sum+stu[i].c_program;
    ave=sum/5;
    printf("ave=%.1f\n",ave);
}
```

11.2 共用体

共用体也是一种构造数据类型，它提供了不同数据类型的数据共享存储单元的方法。

11.2.1 共用体类型的定义

1. 共用体类型定义的一般形式

共用体类型定义的一般形式为：

```
union  共用体名
{
   数据类型 1   成员列表 1;
   数据类型 2   成员列表 2;
   …
   数据类型 n   成员列表 n;
};
```

微课 11-5：共用
体类型的定义

2. 说明

共用体类型定义中，union 是定义共用体类型的关键字，共用体的命名规则与标识符的命名规则相同，数据类型、成员列表等的含义与定义结构体中的含义相同。

【例 11.9】定义一个由 3 个成员 ch、p、q 组成的共用体，这 3 个成员的数据类型分别是 char 型、int 型和 float 型。

代码清单 11.11：

```
union data
{
  char ch;
  int p;
  float q;
};
```

11.2.2 共用体变量的定义

定义共用体变量的方法与定义结构体变量的方法相似，可以在定义共用体类型时定义共用体变量，也可以先定义共用体类型，再定义共用体变量。

微课 11-6：共用
体变量的定义及
引用

1. 定义共用体类型时定义共用体变量

定义共用体类型时定义共用体变量的一般形式为：

```
union 共用体名
{
 数据类型 1 成员列表 1;
 数据类型 2 成员列表 2;
   …
 数据类型 n 成员列表 n;
}变量名列表;
```

【例 11.10】定义共用体类型时定义共同体变量举例。

代码清单 11.12：

```
union data
{
  char ch;
  int p;
  float q;
} a,b,c;
```

说明：变量名列表列出定义为共用体类型的变量名，若其中的变量多于一个，则每两个变量之间用 "," 分隔。

2. 先定义共用体类型，再定义共用体变量

如果已经定义了共用体类型，可以使用下列形式定义共用体变量。

```
union 共用体名 变量名列表;
```

例如，前文已经定义了共用体类型 union data，现在可利用它定义共用体变量：

```
union data a,b,c;
```

11.2.3 共用体变量的引用

1. 共用体变量的赋值和引用

引用共用体成员的方法与引用结构体成员的方法相似，其一般形式为：

```
共用体变量名.共用体成员名
```

由于共用体变量中的各个成员都是变量，所以可以使用对一般变量操作的方法引用共用体变量中的成员，只是要注意访问共用体成员的形式。例如，上面定义了共用体变量 a 后，就可以用以下语句为变量的各个成员赋值，实现访问共用体变量的各个成员。

a.ch='T';

a.p=128;

a.q=298.78;

2. 结构体与共用体的区别

（1）从定义形式上看，共用体和结构体的定义非常相似，但它们的含义是不同的。结构体中的成员各占各的存储单元，共用体中的成员占用相同的存储单元；结构体变量所占内存长度是各成员占的内存长度之和，而共用体变量所占的内存长度是共用体中最大成员占用的存储单元。

【例 11.11】结构体变量定义举例。

代码清单 11.13：

```
struct sdata
{
  char ch;
  int id;
```

```
  float fd;
}a;
```

本例结构体各成员分别占用 1 字节、2 字节、4 字节，所以结构体变量 a 占用 1+2+4=7 字节的存储单元。

【例 11.12】共用体变量定义举例。

代码清单 11.14：

```
union udata
{
  char ch;
  int id;
  float fd;
}a;
```

共用体各成员分别占用 1 字节、2 字节、4 字节，所以共用体变量 a 占用其中最大成员的 4 字节的内存空间。

（2）结构体变量可以进行初始化，共用体变量不能进行初始化。

（3）结构体变量相互独立，结构体变量的成员都是可见的；而共用体变量的成员在内存中占用相同的内存空间，故对共用体成员赋值，只有最后一次所赋的值被保存，即共用体变量的成员中只有最后一个被赋值的成员是可见的。

11.3　枚举类型

在实际问题中，有些变量的取值被限定在一个有限的范围内，例如一个星期内只有七天、一年只有十二个月等。如果把这些量声明为整型、字符型或其他类型显然是不妥当的。为此，C 语言提供了一种称为"枚举"类型的类型。在枚举类型的定义中列举出所有可能的取值，被声明为该枚举类型的变量取值不能超过定义的范围。

微课 11-7：枚举类型

11.3.1　枚举类型的定义

1. 枚举类型定义的一般形式

枚举类型定义的一般形式为：

enum 枚举名{枚举值表};

在枚举值表中应罗列出所有可用值，这些值也称为枚举元素。

例如 "enum weekday{sun,mon,tue,wed,thu,fri,sat};"，该枚举名为 weekday，枚举值共有 7 个，即一周中的七天，凡被声明为 weekday 类型的变量的取值只能是七天中的某一天。

2. 说明

与结构体和共用体一样，枚举变量也可用不同的方式声明，即先定义后声明、同时定义和声明、直接声明。

设有变量 a、b、c 被声明为上述举例的 weekday 类型，可采用下述任意一种方式定义枚举变量。

```
enum weekday{sun,mon,tue,wed,thu,fri,sat};
enum weekday a,b,c;
```

或者

```
enum weekday{sun,mon,tue,wed,thu,fri,sat}a,b,c;
```

或者

```
enum {sun,mon,tue,wed,thu,fri,sat}a,b,c;
```

11.3.2　枚举变量的引用

枚举变量在使用中有以下规定。

（1）枚举值是常量，不是变量。不能在程序中用赋值语句再对它赋值。

例如对 weekday 的枚举元素赋值：

```
sun=5;
mon=2;
sun=mon;
```

都是错误的。

（2）枚举元素本身由系统定义了一个表示序号的数值，从 0 开始顺序定义为 0、1、2……。如在 weekday 中，sun 值为 0，mon 值为 1……sat 值为 6。

【例 11.13】输出 weekday 枚举元素对应的数值。

代码清单 11.15：

```
main()
{
    enum weekday{ sun,mon,tue,wed,thu,fri,sat } a,b,c;
    a=sun;
    b=mon;
    c=tue;
    printf("sun=%d,mon=%d,tue=%d\n",a,b,c);
}
```

运行结果：输出"sun=0,mon=1,tue=2"。

说明：

① 只能把枚举元素对应的数值赋予枚举变量，不能把枚举元素对应的数值直接赋予枚举变量。如

```
    a=sun;
    b=mon;
```

是正确的。而

```
    a=0;
    b=1;
```

是错误的。

② 若一定要把数值赋予枚举变量,则必须用强制类型转换。如

```
a=(enum weekday)2;
```

其含义是将顺序号为 2 的枚举元素赋予枚举变量 a,相当于

```
a=tue;
```

③ 枚举元素不是字符常量也不是字符串常量,使用时不要加单、双引号。

11.4 类型说明符 typedef

微课 11-8:类型
定义符及动态存
储分配

C 语言不仅提供了丰富的数据类型,还允许用户自己定义类型说明符,
也就是说允许用户为数据类型取"别名"。类型说明符 typedef 可用来完成
此功能。例如,有整型变量 a、b,其声明如下。

```
int a,b;
```

其中 int 是整型变量的类型说明符。int 的完整写法为 integer,为了增加程序的可读性,
可把整型变量的类型说明符用 typedef 定义为

```
typedef int INTEGER
```

这样以后就可用 INTEGER 来代替 int 作整型变量的类型说明符了。例如

```
INTEGER a,b;
```

等价于

```
int a,b;
```

用 typedef 定义数组、指针、结构等类型可以带来很大的方便,不仅可使程序书写简
单,而且可使意义更为明确,增强可读性。例如 "typedef char NAME[20];",表示 NAME
是字符数组类型,数组长度为 20。然后可用 NAME 说明变量,如

```
NAME a1,a2,s1,s2;
```

完全等价于

```
char a1[20],a2[20],s1[20],s2[20];
```

又如

```
typedef struct stu
{
 char name[20];
 int age;
 char sex;
} STU;
```

定义 STU 表示 stu 的结构类型,然后可用 STU 来说明结构变量:

```
STU body1,body2;
```

typedef 定义的一般形式为:

```
typedef 原类型名 新类型名
```

其中原类型名中是已存在的类型名称，新类型名一般用大写字母表示，便于区别。有时也可用宏定义来代替 typedef 的功能，但是宏定义是由预处理完成的，而 typedef 则是在编译时完成的，后者更为灵活、方便。

11.5 链表

数组作为存放同类型数据的集合，在进行程序设计时带来了很多的方便，但数组也同样存在一些弊端。数组在定义时就固定了大小，不能在程序中根据具体需求调整数组大小。有时用户会希望构造动态的存储结构，随时可以调整存储区域的大小，以满足不同的需要。为解决这个问题，C 语言提供了一些内存管理函数，这些内存管理函数可以按需要动态地分配内存空间，也可把不再使用的空间回收待用，为有效地利用内存资源提供了手段。

11.5.1 动态存储分配函数

1. 分配内存空间函数 malloc

函数 malloc 的调用形式：

```
(类型说明符*)malloc(size)
```

函数 malloc 的功能：在内存的动态存储区中分配一块长度为 size 字节的连续区域。函数的返回值为该区域的首地址。

"类型说明符"表示把该区域用于何种数据类型。"类型说明符*"表示把返回值强制转换为该类型指针。

例如"pc=(char *)malloc(100);"，表示分配 100 字节的内存空间，并将内存空间强制转换为字符数组类型，函数的返回值为指向该字符数组的指针，把该指针赋予指针变量 pc。

2. 释放内存空间函数 free

函数 free 的调用形式：

```
free(void *ptr);
```

函数 free 的功能：释放 ptr 所指向的一块内存空间。ptr 是一个任意类型的指针变量，它指向被释放区域的首地址。被释放区域应是由 malloc 函数所分配的区域。

注意：调用这两个函数，要添加"#include "stdlib.h""。

微课 11-9：链表的建立

11.5.2 链表概述与建立

使用动态存储分配时，每个节点之间可以是不连续的，节点之间的联系可以用指针实现，即在节点结构中定义一个成员用来存放下一节点的首地址，这个用于存放地址的成员常被称为指针域。

可在第一个节点的指针域内存入第二个节点的首地址，在第二个节点的指针域内又存入第三个节点的首地址，如此串连下去直到最后一个节点。最后一个节点因无后续节点连接，其指针域可赋为 0。这样的连接方式，在数据结构中称为"链表"，示意如图 11.5 所示。

图 11.5 简单链表示意

图 11.5 中，第一个节点称为头节点，它存放第一个节点的首地址，没有数据，只是一个指针变量。以下的每个节点都分为两个域，一个是数据域，存放各种实际的数据，如学号 num、姓名 name、性别 sex 和成绩 score 等；另一个是指针域，存放下一节点的首地址。链表中的每一个节点都是同一种结构类型的。

【例 11.14】建立一个包含 3 个节点的链表，存放学生数据，学生结构体类型如下。

```
struct stu
{
    int number;
    float c_grogram;
    struct stu *next;
}
```

前两个成员组成数据域，后一个成员 next 构成指针域，它是一个指向 stu 结构体类型的指针变量。

代码清单 11.16：

```
#include "stdlib.h"
struct stu
{
    int number;
    float c_grogram;
    struct stu *next;
};
struct stu *creat()
{
    struct stu *head,*pf,*pb;
    int i;
    head=(struct stu*)malloc(sizeof(struct stu));
    pf=head;
    for(i=1;i<=3;i++)
    {
        pb=(struct stu*)malloc(sizeof(struct stu));
        printf("请输入学号和 C 语言成绩:\n");
        scanf("%d%f",&pb->number,&pb->c_grogram);
        pf->next=pb;
        pb->next=NULL;
        pf=pb;
```

```
    }
    return head;
}
void pri(struct stu *head)
{
    struct stu *p=head->next;
    while(p!=NULL)
    {
        printf("%d %f\n",p->number,p->c_grogram);
        p=p->next;
    }
}
main()
{
    struct stu *head;
    head=creat();
    pri(head);
}
```

运行结果如图 11.6 所示。

图 11.6 【例 11.14】运行结果

11.6 常见编译错误与解决办法

构造类型程序设计过程中常见的错误、警告及解决办法举例如下。

1. 结构体类型定义时，末尾没有加分号 ";"

代码清单 11.17：

```
main()
{
  struct student
  {
    int number;
```

```
    char name[8];
    char sex;
    int age;
    float c_program;
  }
  struct student st1={35013101," 王 某 某 ",'F',20,90},st2={35013112," 杨 某 某
",'M',19,80};
  printf("st1: %d,%s,%c,%d,%f\n",st1.number,st1.name,st1.sex,st1.age,st1.c_
program);
  printf("st2: %d,%s,%c,%d,%f\n",st2.number,st2.name,st2.sex,st2.age,st2.c_
program);
}
```

错误显示：

```
error C2236: unexpected 'struct' 'student'
```

解决办法：在定义结构体类型时，末尾须加 ";"。

2. 结构体变量定义时，没有加关键字 struct，只写了结构体名称

代码清单 11.18：

```
main()
{
  struct student
  {
    int number;
    char name[8];
    char sex;
    int age;
    float c_program;
  }
  student st1={35013101," 王 某 某 ",'F',20,90},st2={35013112," 杨 某 某
",'M',19,80};
  printf("st1: %d,%s,%c,%d,%f\n",st1.number,st1.name,st1.sex,st1.age,st1.c_
program);
  printf("st2: %d,%s,%c,%d,%f\n",st2.number,st2.name,st2.sex,st2.age,st2.c_
program);
}
```

错误显示：

```
error C2146: syntax error : missing ';' before identifier 'st1'
```

解决办法：在 student st1 前面加上关键字 struct。

实例分析与实现

1. 实例分析

首先，按照学生成绩信息的组成定义结构体，输入各门课程成绩和德育积分，根据已

知的公式，求出文化积分和综合积分；然后，按照学生的综合积分从高到低进行排名，并输出排名结果；最后，输出索引为 0 的学生获得一等奖学金，索引为 1 和 2 的学生获得二等奖学金，索引为 3、4、5 的学生获得三等奖学金。具体算法如下。

① 定义结构体类型 student。

② 利用定义的结构体类型定义一个包含 10 名学生成绩信息的数组。

③ 利用 for 语句输入 10 名学生的各门课程成绩，计算学生的文化积分和综合积分。

④ 利用 for 循环嵌套对学生的成绩按综合积分由高到低进行排序。

⑤ 输出综合积分从高到低的排序结果、获得奖学金的学生名单。

2. 项目代码

代码清单 11.19：

```
typedef struct student
{
    int number;          //学号
    char name[8];        //姓名
    float english;       //英语成绩
    float net;           //网络成绩
    float c;             //C语言成绩
    float database;      //数据库成绩
    float w_score;       //文化积分
    float d_score;       //德育积分
    float t_score;       //综合积分
}STU;
main()
{
    STU stu[10],temp;   //定义10名学生成绩信息的数组
    int i,j;
    printf("请输入（学号、姓名、英语、网络、C语言、数据库、德育积分):\n");
    printf("------------------------------------------------------------\n");
    for(i=0;i<=9;i++)
    {
        //输入学生信息
        scanf("%d%s%f%f%f%f%f",&stu[i].number,stu[i].name,&stu[i].english,
&stu[i].net,&stu[i].net,&stu[i].c,&stu[i].database,&stu[i].d_score);
        //文化积分=所有课程成绩总和/课程门数
        stu[i].w_score=(stu[i].english+stu[i].net+stu[i].c+stu[i].database)
/4;
        //综合积分=文化积分×70%+德育积分×30%
        stu[i].t_score=stu[i].w_score*0.7+stu[i].d_score*0.3;
```

```
}
    printf("----------------------------------------------------------\n\n");
    for(i=0;i<=8;i++)        //冒泡排序法
      for(j=0;j<=8;j++)
      if(stu[j].t_score<stu[j+1].t_score)//按照综合积分由高到低排序
      {
          temp=stu[j];stu[j]=stu[j+1];stu[j+1]=temp;
      }
    //输出总积分从高到低排序后的结果
    printf("成绩排名(学号、姓名、文化积分、德育积分、综合积分):\n");
    printf("----------------------------------------------------------\n");
    for(i=0;i<=9;i++)
        printf("%d %s %.2f %.2f %.2f\n",stu[i].number,stu[i].name,stu[i].w_
score,
        stu[i].d_score,stu[i].t_score);
    printf("----------------------------------------------------------\n\n");
    printf("奖学金名单如下:\n");
    printf("----------------------------------------------------------\n");
    //排序后第一个位置的学生是一等奖学金获得者，即 stu[0]
    printf("    一等奖学金获得者:%s\n",stu[0].name);
    //排序后第二、第三个位置的学生是二等奖学金获得者，即 stu[1]、stu[2]
    printf("    二等奖学金获得者:%s %s\n",stu[1].name,stu[2].name);
    //排序后第四、第五、第六个位置的学生是三等奖学金获得者，即 stu[3]、stu[4]、stu[5]
    printf("    三等奖学金获得者:%s %s %s\n",stu[3].name,stu[4].name,stu[5].
name);
    printf("----------------------------------------------------------\n\n");
}
```

3. 实例拓展

实际考试管理过程中，通常教务部门会打印每门课程不及格的学生名单，并通知学生补考或者重修，根据以上要求，实现输出每门课程不及格的学生名单，进一步完善程序设计。

进阶案例——一元多项式设计及加法运算

1. 案例介绍

输入两个一元多项式，利用单链表实现两个多项式的加法运算，例如分别输入 $3x^4+5x^2+7$ 和 $2x^3+x^2+8x^1$ 两个多项式，两个多项式进行加法运算后等于 $3x^4+2x^3+6x^2+8x^1+7$。如图 11.7 和图 11.8 所示，多项式按照指数从小到大顺序存储。

加法运算前，单链表 Pa 和 Pb 的存储结构如图 11.7 所示。

图 11.7　加法运算前单链表 Pa 和 Pb 的存储结构

加法运算后，单链表 Pc 的存储结构如图 11.8 所示。

图 11.8　单链表 Pc 的存储结构

2．案例分析

首先，建立两个单链表，分别存储输入的两个一元多项式，在某个单链表上直接进行加法运算，其中每个节点的结构体类型中应该包含 3 个域，分别用来存储多项式的系数、指数和后继节点的地址。然后，编写存储一元多项式和输出多项式的函数。最后编写求两个多项式加法运算的函数，如果两个多项式中有指数相同的项，将两个项的系数求和，再存入结果链表中相应节点的系数域；如果两个多项式中的项指数均不相同，通过与结果链表中节点指数比较大小，选择合适的位置插入该项。具体算法如下。

① 定义结构体类型，成员包括系数、指数和后继节点地址。

② 编写一元多项式创建的函数。

③ 编写一元多项式输出的函数。

④ 编写一元多项式相加的函数。

⑤ 编写主函数，调用两次一元多项式创建的函数，调用一次一元多项式相加的函数，调用一次一元多项式输出的函数。

3．项目代码

代码清单 11.20：

```
//一元多项式结构体类型定义
typedef struct node{
    float coef;                    //系数
    int expn;                      //指数
    struct node *next;             //后继节点地址
}pnode,*polynomial;
//一元多项式的创建
```

```
polynomial createpolyn(polynomial p,int m)
{
    int i;
    polynomial q,pre,s;                       //定义节点 q、pre、s
    p=(polynomial)malloc(sizeof(pnode));      //生成新节点
    p->next=0;                                //先建立一个带头节点的单链表
    p->expn=-1;                               //头节点指数值设为-1
    for(i=0;i<m;i++)                          //依次输入 m 个非 0 值
    {
        s=(polynomial)malloc(sizeof(pnode));  //生成新节点
        printf("输入系数和指数:");
        scanf("%f%d",&s->coef,&s->expn)       //输入系数和指数
        pre=p;                                //pre 用于保存 q 的前驱节点地址
        q=p->next;                            //q 初值为头节点
        while(q&&q->expn<=s->expn){           //找到第一个大于输入项指数的项 q
            pre=q;
            q=q->next;
        }
        s->next=q;pre->next=s;                //将输入项 s 插入 q 和 pre 之间
    }
    printf("--创建成功--\n");
    return p;
}
//输出一元多项式
void pri(polynomial p)
{
    polynomial q;
    int id=1;
    q=p->next;                                //第一项（头节点）
    printf("加法运算后结果为:\n");
    while(q)
    {
        printf("第%d 个节点:系数%f,指数%d\n",id,q->coef,q->expn);
        q=q->next;                            //节点后移
        id++;
    }
}
//一元多项式相加
polynomial addpolyn(polynomial pa,polynomial pb)
{
```

```
        polynomial p1,p2,p3,q;
        int sum;                              //定义系数和 sum
        p1=pa->next;p2=pb->next;
        p3=pa;                                //p3 指向 pa 的头节点
        while(p1&&p2){                        //p1 和 p2 均非空
            if(p1->expn==p2->expn){           //指数相同
                sum=p1->coef+p2->coef;        //sum 保存两项的系数和
                if(sum){                      //系数和不为 0
                    p1->coef=sum;             //修改节点 p1 的系数值
                    p3->next=p1;
                    p3=p1;                     //将修改后的节点 p1 链接在 p3 之后
                    p1=p1->next;              //p1 指向后一项
                    q=p2;p2=p2->next;free(q); //删除 pb 当前节点 q
                }else{                         //系数和为 0
                    q=p1;p1=p1->next;free(q);  //删除 pa 当前节点 p1
                    q=p2;p2=p2->next;free(q);  //删除 pb 当前节点 p2
                }
            }else{
                if(p1->expn<=p2->expn){        //pa 当前节点 p1 的指数值小
                    p3->next=p1;               //将 p1 链接在 p3 之后
                    p3=p1;                     //p3 指向 p1
                    p1=p1->next;              //p1 指向后一项
                }else{
                    p3->next=p2;               //pb 当前节点 p2 的指数值小
                    p3=p2;                     //将 p2 链接在 p3 之后
                    p2=p2->next;              //p2 指向后一项
                }
            }
        }
        p3->next=p1?p1:p2;                    //插入非空多项式的剩余节点
        free(pb);                             //释放 pb 的头节点
        return pa;                            //返回和多项式
}
main()
{
        int m;
        polynomial pa,pb,pc;                  //声明一元多项式 pa、pb、pc
        printf("==================创建一元多项式====================");
        printf("创建 pa 项数:");scanf("%d",&m);//创建 pa 项数
```

218

```
pa=createpolyn(pa,m);                    //创建一元多项式 pa
printf("创建 pb 项数:");scanf("%d",&m); //创建 pb 项数
pb=createpolyn(pb,m);                    //创建一元多项式 pb
printf("=====================一元多项式相加======================");
pc=addpolyn(pa,pb);                      //一元多项式相加
pri(pc);                                 //输出一元多项式 pc
printf("========================END========================");
}
```

本章小结

本章首先描述了学生奖学金评定系统设计实例；然后介绍了结构体类型的定义、结构体变量的定义及引用、结构数组、共用体类型的定义、共用体变量的定义及引用、枚举类型的定义及枚举变量的引用、类型说明符、单链表的建立等，同时介绍了常见的编译错误与解决办法；最后进行了实例的分析与实现，并通过了结果验证，以及一元多项式设计及加法运算进阶案例的分析与实现。其中结构体、共用体和枚举类型是重点内容，动态存储分配函数、单链表的建立是难点内容。

通过对本章的学习，读者应该能够熟练掌握结构体类型的定义、结构体变量的定义及引用；熟练掌握共用体类型的定义、共用体变量的定义及引用；掌握枚举类型的定义及枚举变量的引用；了解类型说明符 typedef；掌握动态存储分配函数及单链表的建立，并运用本章知识解决实际应用问题。

同步训练

一、选择题

1. 设有下面的定义。

```
struct st
{ int a;
  float b;
}d;
int *p;
```

其中，要使 p 指向结构体变量 d 中的 a 成员，正确的赋值语句是（　　　）。

    A. *p=d.a;   B. p=&a;   C. p=d.a;   D. p=&d.a;

2. 有下列程序段。

```
typedef struct NODE
{ int num;
  struct NODE *next;
}OLD;
```

下列叙述中正确的是（　　　）。

    A. 以上的声明形式非法
    B. NODE 是一个结构体类型

    C. OLD 是一个结构体类型
    D. OLD 是一个结构体变量

3. 以下对 C 语言中共用体类型数据的正确叙述是（　　　）。

    A. 定义了共用体变量后，即可引用该变量中的任意成员

    B. 共用体变量中可以同时存放其所有成员

    C. 共用体中的各个成员使用共同的存储区域

    D. 在向共用体中的一个成员进行赋值时，共用体中其他成员值不会改变

4. 下列程序的输出结果为（　　　）。

```
main()
{ union un
  { char *name;
    int age;
    int pay;
  }s;
  s.name="zhaoming";
  s.age=32;
  s.pay=3000;
  printf("%d\n",s.age);
}
```

    A. 32
    B. 3000
    C. 0
    D. 不确定

5. 若有以下程序段，

```
struct st
{
  int n;
  int *m;
};
int a=2,b=3,c=5;
struct st s[3]={{101,&a},{102,&c},{103,&b}};
main()
{ struct st *p;
  p=s;
}
```

则以下表达式中值为 5 的是（　　　）。

    A. (p++)->m
    B. *(p++)->m
    C. (*p).m
    D. *(++p)->m

二、填空题

1. 结构体类型的关键字是_____，共用体类型的关键字是_____，枚举类型的关键字是_____。

2. 设有声明 "struct DATE{int year;int month;int day;};"，写出一条定义语句，该语句

定义 d 为上述结构体类型的变量，并同时为其成员 year、month、day 依次赋值 2014、9、3，则该语句是_____。

3. 以下程序的运行结果是_____。

```
main()
{
    struct date
    {int year,month,day;
    }today;
    printf("%d\n",sizeof(struct date));
}
```

4. 设有类型声明 "enum color{red,yellow=4,white,black};"，则执行语句 "printf("%d",white);" 的结果是_____。

三、程序设计题

1. 利用结构体类型，编程实现计算一名同学 5 门课的平均分。

2. 定义一个日期（年、月、日）结构体变量，计算该日在本年中是第几天。

3. 建立一个职工情况统计表，包括职工的工作证号、姓名、年龄、参加工作时间、文化程度及工资等内容。输出单位职工的平均年龄、平均工龄和平均工资。

技能训练

通过扫描二维码观看示范操作视频，进一步巩固结构体类型的定义、结构体变量的定义及引用，以及结构数组等相关知识，从而提高学习者的程序设计水平，达到学以致用的目的。

操作视频：构造
类型的应用

第 12 章　位运算

学习目标

- 理解位运算的概念。
- 掌握位运算符的运算规则。
- 掌握位运算符的应用。
- 掌握位运算应用中常见编译错误与解决办法。

实例描述——数据右循环移位操作

已知一个 8 位的十六进制数据，将其向右进行循环移位运算，函数名为 move，调用方法为 move(value,n)，其中 value 为要循环移位的数，n 为向右位移的位数。请采用位运算相关知识实现程序设计，实例运行结果如图 12.1 所示。

图 12.1　实例运行结果

知识储备

程序中的所有数在计算机内存中都是以二进制的形式存储的。位运算就是直接对整数在内存中的二进制位进行操作。C 语言提供了位运算的功能，这使得 C 语言也能像汇编语言一样用来编写系统程序。本章将针对位运算定义、位运算符及位运算符的应用进行详细的讲解。

12.1　位运算概述

计算机系统的内存是由许多称为字节的单元组成的，1 个字节由 8 个二进制位（bit）构成，每位取值为 0 或 1。最右端的位称为最低位，最左端的位称为最高位，并且从最低位到最高位按顺序依次编号。计算机真正执行的是由 0 和 1 组成的机器指令，数据也是以二进制形式表示的，因此最终实现计算机的操作，就是要对这些 0 和 1 进行操作。每一个 0 和 1 的状态称为位状态，位与位之间的运算称为位运算。

12.2 位运算符及其表达式

在单片机与嵌入式系统软件设计中，经常用到位运算。所谓位运算，是指对二进制位的运算。C 语言提供了如表 12.1 所示的位运算符。

表 12.1 位运算符及其含义

位运算符	含义
&	按位与
|	按位或
^	按位异或
~	按位取反
<<	左移
>>	右移

说明：

（1）位运算符中除~以外，均为双目运算符，即要求运算符两侧各有一个运算量。

（2）运算量只能是整型或字符型数据，不能是实型数据。

12.2.1 "按位与"运算符

参加运算的两个数据，按二进制位进行"与"（&）运算，即 0&0=0，0&1=0，1&0=0，1&1=1。

微课 12-1："按位与"运算符

例如，0x23 与 0x45 按位与，运算如下。

```
        00100011    （0x23）
    &)  01000101    （0x45）
    ─────────────
        00000001    （0x01）
```

特殊用途："与 0 清零、与 1 保留"，通过这种方式可以将数据的某些位清零，某些位保留不变。例如，将 0x23 的高 4 位清零，低 4 位保留不变，运算如下。

```
        00100011    （0x23）
    &)  00001111    （0x0f）
    ─────────────
        00000011    （0x03）
```

微课 12-2："按位或"运算符

12.2.2 "按位或"运算符

参加运算的两个数据，按二进制位进行"或"（|）运算，即 0|0=0，0|1=1，1|0=1，1|1=1。

例如，0x23 与 0x45 按位或，运算如下。

```
      0 0 1 0 0 0 1 1    （0x23）
|)    0 1 0 0 0 1 0 1    （0x45）
      ——————————————
      0 1 1 0 0 1 1 1    （0x67）
```

特殊用途："或 1 置 1、或 0 保留"，通过这种方式可以将数据的某些位置 1，某些位保留不变。例如，将 0x23 的高 4 位置 1，低 4 位保留不变，运算如下。

```
      0 0 1 0 0 0 1 1    （0x23）
|)    1 1 1 1 0 0 0 0    （0xf0）
      ——————————————
      1 1 1 1 0 0 1 1    （0xf3）
```

微课 12-3："按位异或"运算符

12.2.3 "按位异或"运算符

参加运算的两个数据，按二进制位进行"异或"（^）运算，两者相异为 1，相同为 0，即 0^0=0，0^1=1，1^0=1，1^1=0。

例如，0x23 与 0x45 按位异或，运算如下。

```
      0 0 1 0 0 0 1 1    （0x23）
^)    0 1 0 0 0 1 0 1    （0x45）
      ——————————————
      0 1 1 0 0 1 1 0    （0x66）
```

特殊用途："异或 1 取反，异或 0 保留"，通过这种方式可以将数据的某些位取反，某些位保留不变。例如，将 0x23 的高 4 位取反，低 4 位保留不变，运算如下。

```
      0 0 1 0 0 0 1 1    （0x23）
^)    1 1 1 1 0 0 0 0    （0xf0）
      ——————————————
      1 1 0 1 0 0 1 1    （0xd3）
```

微课 12-4："按位取反"运算符

12.2.4 "按位取反"运算符

"按位取反"运算符（~）用来对一个二进制数按位取反，即将 0 变为 1，将 1 变为 0。

例如，将 0x55 按位取反，运算如下。

```
      0 1 0 1 0 1 0 1    （0x55）
~)              ↓
      1 0 1 0 1 0 1 0    （0xaa）
```

微课 12-5：按位"左移""右移"运算符

12.2.5 "左移"运算符

"左移"运算符（<<）用来将一个数的各二进制位全部左移若干位。例如 a<<3，表示将 a 的各二进制位左移 3 位，高位溢出后丢弃，低位补 0，如图 12.2 所示。

图 12.2 左移过程

12.2.6 "右移"运算符

"右移"运算符（>>）用来将一个数的各二进制位全部右移若干位。例如 a>>3，表示将 a 的各二进制位右移 3 位，低位溢出后丢弃，对于无符号数，高位补 0，如图 12.3 所示。

图 12.3 右移过程

12.3 位运算应用

【例 12.1】位运算符使用举例。

代码清单 12.1：

```
void main()
{
    unsigned a,b;
    printf("input a number: ");
    scanf("%d",&a);
    b=a>>5;
    b=b&15;
    printf("a=%d\tb=%d\n",a,b);
}
```

运行结果如图 12.4 所示。

图 12.4 【例 12.1】运行结果

【例 12.2】位运算符使用举例。

代码清单 12.2：

```
void main()
{
    unsigned char a,b,c,r1,r2,r3,r4;
    a=0x23;
    b=0x45;
    c=0x55;
    r1=a&b;
    r2=a|b;
    r3=a^b;
    r4=~c;
    /*以十六进制形式输出各变量的值*/
    printf("a=%x,b=%x,c=%x\n",a,b,c);
    printf("a&b=%x\n",r1);
    printf("a|b=%x\n",r2);
    printf("a^b=%x\n",r3);
    printf("~c=%x\n", r4);
}
```

运行结果如图 12.5 所示。

图 12.5 【例 12.2】运行结果

12.4 常见编译错误与解决办法

位运算程序设计过程中常见的错误及解决办法如下。

变量类型定义为 float

代码清单 12.3：

```
void main()
{
    float a,b;              //定义变量类型为 float
    scanf("%f",&a);         //输入变量 a 的值
    b=a>>3;                 //a 右移 3 位
    printf("b=%f",b);       //输出 b 的值
}
```

错误显示：

```
error C2296: '>>' : illegal, left operand has type 'float '
```

解决办法：实型数据不能进行位操作，将 float 修改为 int。

实例分析与实现

1. 实例分析

（1）循环移位原理：向右循环移位是指低位向右移出去的数据再补充到左边高位。
例如定义一个变量 "unsigned char a=0x9d"，将其向右循环移 3 位，实现原理如下。
原数据为

| 1 | 0 | 0 | 1 | 1 | 1 | 0 | 1 |

将其向右移出 3 位后为

| 0 | 0 | 0 | 1 | 0 | 0 | 1 | 1 |

其中最低 3 位 101 被移出，循环右移 3 位后数据变为

| 1 | 0 | 1 | 1 | 0 | 0 | 1 | 1 |

移出去的 101 补充到了高 3 位。

（2）循环移位实现方法：以原数据 a=0x9d 为例，定义中间变量 temp1、temp2 和 value。
① 变量 a 右移 3 位后赋值给 temp1 "temp1=a>>3"，temp1 的值为

| 0 | 0 | 0 | 1 | 0 | 0 | 1 | 1 |

② 变量 a 左移 5 位后赋值给 temp2 "temp2=a<<5"，temp2 的值为

| 1 | 0 | 1 | 0 | 0 | 0 | 0 | 0 |

③ temp1 和 temp2 相或后赋值给 value "value=temp1|temp2"，value 的值为

| 1 | 0 | 1 | 1 | 0 | 0 | 1 | 1 |

具体算法如下。
① 定义移位函数 move，在函数体中将要操作的数据先右移 n 位，再左移 8-n 位，将
两个移位后的数据相或，返回相或后的结果。
② 在主函数中，定义两个变量分别存放要操作的数据和要移动的位数，且存放要操
作的数据的变量定义为 unsigned char 型，因为 unsigned 标识符就是将数据类型无符号化，
没有负数，char 型占一字节，也就是占 8 位。
③ 输入要操作的数据和要移动的位数。
④ 调用移位函数，返回移位后的数据。
⑤ 输出移位后的数值。

2. 项目代码

代码清单 12.4：

```
unsigned char move(unsigned char a,int n)    //移位函数
{
    unsigned char temp1,temp2,value;
    temp1=a>>n;                              //a 先右移 n 位
    temp2=a<<(8-n);                          //a 左移 8-n 位
    value=temp1|temp2;                       //temp1 和 temp2 相或
    return  value;                           //返回 value 的值
}
main()
{
    unsigned char value;                     //定义变量存放要操作的数据
    int n;                                   //定义变量 n，存放要移动的位数
    printf("请输入数据和右移位数：\n");
    scanf("%x%d",&value,&n);                 //输入数据和要移动的位数
    value=move(value,n);                     //调用移位函数
    printf("value=%x\n",value);              //输出移位后的数值
}
```

进阶案例——数据左右循环移位操作

1. 案例介绍

已知一个 8 位的十六进制数据，实现将其向左或者向右进行循环移位运算的函数名为 move，调用方法为 move(value,n)，其中 value 为要循环移位的数，n 为向右移的位数。n<0 表示左移，n>0 表示右移。例如，n=4，表示要右移 4 位；n=-3，则表示要左移 3 位。请采用位运算相关知识实现程序设计，运行结果如图 12.6 所示。

图 12.6　运行结果

2. 案例分析

在本章实例中，已实现了向右循环移位运算，本案例中加了一个向左循环移位运算，这样就要判断输入的移位数，如果是正数就进行右循环移位运算，如果是负数就进行左循

环移位运算。

具体算法如下。

① 定义移位函数 move，在函数体中判断 n 的大小，如果 n>0，先右移 n 位，再左移 8-n 位；如果 n<0，先将 n 变为正数-n，再左移 n 位，然后右移 8-n 位，最后将两个移位后的数据相或，返回相或后的结果。

② 在主函数中，定义两个变量分别存放要操作的数据和要移动的位数。

③ 输入要操作的数据和要移动的位数，注意负数代表左移运算。

④ 调用移位函数，通过判断 n 的大小，执行相应操作，返回移位后的数据。

⑤ 输出移位后的数值。

3. 项目代码

代码清单 12.5：

```
unsigned char move(unsigned char value,int n)   //移位函数
{
    unsigned char temp1,temp2,b;
    if(n>0)
    {
        temp1=value>>n;                          //value 先右移 n 位
        temp2=value<<(8-n);                      //value 左移 8-n 位
    }
    else
    {
        n=-n;                                    //n 变为正数
        temp1=value<<n;                          //value 先左移 n 位
        temp2=value>>(8-n);                      //value 右移 8-n 位
    }
    b=temp1|temp2;                               //temp1 和 temp2 相或
    return  b;                                   //返回 b 的值
}
main()
{
    unsigned char value;                         //定义变量存放要操作的数据
    int n;                                       //定义变量 n，存放要移动的位数
    printf("请输入数据和移位数(负数代表左移)：\n");
    scanf("%x%d",&value,&n);                     //输入数据和要移动的位数
    value=move(value,n);                         //调用移位函数
    printf("value=%x\n",value);                  //输出移位后的数值
}
```

本章小结

本章首先描述了数据右循环移位操作实例；然后介绍了按位与运算符及其表达式、按位或运算符及其表达式、按位异或运算符及其表达式、按位取反运算符及其表达式、左移和右移运算符及其表达式，以及位运算的应用，同时介绍了常见的编译错误与解决办法；最后进行了实例的分析与实现，并通过了结果验证，以及数据左右循环移位操作进阶案例的分析与实现。其中 6 种位运算符及其表达式是重点内容，位运算的应用是难点内容。

通过对本章的学习，读者应该能够熟练掌握 6 种位运算符及其表达式；掌握位运算的简单应用，并运用本章知识解决实际应用问题。

同步训练

一、选择题

1. 以下运算符中优先级最高的是（　　　），优先级最低的是（　　　）。

   A. &&　　　　　　　　B. &　　　　　　　　C. ||　　　　　　　　D. |

2. 在位运算中，操作数左移一位，其结果相当于（　　　）。

   A. 操作数乘 2

   B. 操作数除以 2

   C. 操作数除以 4

   D. 操作数乘 4

3. 在位运算中，操作数右移一位，其结果相当于（　　　）。

   A. 操作数乘 2

   B. 操作数除以 2

   C. 操作数除以 4

   D. 操作数乘 4

4. 已知"int a=1,b=3"，则 a^b 的值为（　　　）。

   A. 1　　　　　　　　B. 2　　　　　　　　C. 3　　　　　　　　D. 4

5. 设有以下语句：

```
char x=3,y=6,z;
z=x^y<<2;
```

   则 z 的二进制值是（　　　）。

   A. 00010100　　　　B. 00011011　　　　C. 00011100　　　　D. 00011000

二、填空题

1. 设二进制数 A 是 00101101，若想通过按位异或运算 A^B 使 A 的高 4 位取反，低 4 位不变，则二进制数 B 应是＿＿＿＿＿＿＿。

2. 有定义"char a,b;"，若想通过&运算符保留 a 的第 3 位和第 6 位的值，则 b 的二进制数应是_____。

3. 若有"int a,b=10;"，执行"a=b<<2+1;"后 a 的值是_____。

4. 若有"int a=1;int b=2;"，则 a|b 的值是_____。

技能训练

通过扫描二维码观看示范操作视频，进一步巩固按位与、按位或、左移、右移等位运算符及其表达式，以及各种位运算符的综合应用等相关知识，从而提高学习者的程序设计水平，达到学以致用的目的。

操作视频：位运算的应用

第 ⑬ 章 文件

学习目标

- 理解文件的概念。
- 掌握文件的打开与关闭。
- 掌握文件的各种读写函数。
- 掌握文件操作中常见编译错误与解决办法。

实例描述——学生成绩管理系统设计

学生成绩管理系统功能包括录入学生成绩记录、保存所有学生记录、读取所有学生记录、按总成绩递减输出、按学号查询成绩和退出。其主界面如图 13.1 所示。利用文件，可以分别实现以上功能的程序设计。

图 13.1　学生成绩管理系统主界面

知识储备

前面章节涉及的数据都是存储在内存中的，一般情况下，数据在计算机上都是以文件的形式存放的，在程序中也经常需要对文件进行操作。例如，打开一个文件，向文件写入内容或者读取内容。本章将针对 C 语言中的各种文件操作进行详细的讲解。

微课 13-1：文件
概述及文件指针

13.1　文件概述

所谓"文件"，是指一组相关数据的有序集合。实际上，前文各章中已经多次使用了文件，例如源程序文件、目标文件、可执行程序、库文件（头文件）等。

文件通常是驻留在外部介质（如磁盘等）上的，在使用时才调入内存中。从不同的角度可对文件做不同的分类。从用户的角度，文件可分为普通文件和设备文件两种。

普通文件是指驻留在磁盘或其他外部介质上的有序数据集，可以是源文件、目标文件、可执行程序，也可以是一组待输入处理的原始数据，或者是一组输出的结果。源文件、目标文件、可执行程序可以称作程序文件，输入/输出数据可称作数据文件。

设备文件是指与主机相连的各种外部设备，如显示器、打印机、键盘等。在操作系统中，把外部设备也看作一个文件来进行管理，把它们的输入、输出等同于对磁盘文件的读和写。

通常把显示器定义为标准输出文件，一般情况下在屏幕上显示有关信息就是向标准输出文件输出数据。如前面经常使用的 printf、putchar 函数就是这类输出。

键盘通常被指定为标准输入文件，从键盘上输入就意味着从标准输入文件中读取数据。scanf、getchar 函数就属于这类输入。

从文件编码的方式来看，文件可分为 ASCII 文件和二进制文件两种。ASCII 文件也称为文本文件，这种文件在磁盘中存放时每个字符对应一字节，用于存放对应的 ASCII 值。

例如数据 5678 的存储形式如下，共占用 4 字节。

ASCII 文件可在屏幕上按字符显示，例如源程序文件就是 ASCII 文件，用 DOS 命令 TYPE 可显示文件的内容。由于是按字符显示的，因此能读懂文件内容。

二进制文件是按二进制的编码方式来存放文件的。

例如，数据 5678 的存储形式为 00010110　00101110，只占两字节。二进制文件虽然也可在屏幕上显示，但其内容无法读懂。C 系统在处理这些文件时，并不区分类型，将其都看成字符流，按字节进行处理。

输入/输出字符流的开始和结束只由程序控制，而不受物理符号（如回车符）的控制，因此也把这种文件称作"流式文件"。

13.2　文件指针

在 C 语言中若一个指针变量指向一个文件，则这个指针称为文件指针。通过文件指针可对它所指的文件进行各种操作。

定义声明文件指针的一般形式为：

```
FILE *指针变量标识符;
```

其中 FILE 应为大写字母，它实际上是由系统定义的一种结构，该结构中含有文件名、文件状态和文件当前位置等信息。在编写源程序时不必关心 FILE 结构的细节。

例如 "FILE *fp;"，表示 fp 是指向 FILE 结构的指针变量，通过 fp 即可找到存放某个文件信息的结构变量，然后按结构变量提供的信息找到该文件，实施对文件的操作。习惯上笼统地把 fp 称为指向一个文件的指针。

微课 13-2：文件
打开与关闭

13.3 文件的打开与关闭

对文件进行读写操作之前要先打开文件，使用完毕要关闭文件。所谓打开文件，实际上是建立文件的各种有关信息，并使文件指针指向该文件，以便进行其他操作。关闭文件则是断开指针与文件之间的联系，即禁止再对该文件进行操作。

在 C 语言中，文件操作都是由库函数来完成的。本章将介绍主要的文件操作函数。

13.3.1 打开文件函数

打开文件函数 fopen 用来打开一个文件，其调用的一般形式为：

```
文件指针名=fopen(文件名,使用文件方式);
```

其中，文件指针名必须是被声明为 FILE 类型的指针变量名；文件名是被打开文件的名称，其表示方式为字符串常量或字符串数组；使用文件方式是指文件的类型和操作要求。

例如：

```
FILE *fp;
fp=fopen("file a","r");
```

其含义是在当前目录下打开文件 file a，只允许进行"读"操作，并使 fp 指向该文件。

又如：

```
FILE *fphzk;
fphzk=fopen("c:\\hzk16","rb");
```

其含义是打开 C 盘根目录下的文件 hzk16，这是一个二进制文件，只允许按二进制方式进行读操作。两个反斜线 "\\" 中的第一个表示转义字符，第二个表示根目录。

文件使用的方式共有 12 种，表 13.1 列出了文件使用方式及其意义。

表 13.1 文件使用方式及其意义

文件使用方式	意义
"rt"	只读方式打开一个文本文件，只允许读数据
"wt"	只写方式打开或建立一个文本文件，只允许写数据
"at"	追加方式打开一个文本文件，并在文件末尾写数据
"rb"	只读方式打开一个二进制文件，只允许读数据
"wb"	只写方式打开或建立一个二进制文件，只允许写数据

文件使用方式	意义
"ab"	追加方式打开一个二进制文件，并在文件末尾写数据
"rt+"	读写方式打开一个文本文件，允许读和写
"wt+"	读写方式打开或建立一个文本文件，允许读和写
"at+"	读写方式打开一个文本文件，允许读，或在文件末尾追加数据
"rb+"	读写方式打开一个二进制文件，允许读和写
"wb+"	读写方式打开或建立一个二进制文件，允许读和写
"ab+"	读写方式打开一个二进制文件，允许读，或在文件末尾追加数据

对于文件使用方式有以下几点说明。

（1）文件使用方式由 r、w、a、t、b、+这 6 个字符组成，各字符的含义如下。

r（read）：读。

w（write）：写。

a（append）：追加。

t（text）：文本文件，可省略不写。

b（binary）：二进制文件。

+：读和写。

（2）凡用 r 方式打开一个文件时，该文件必须已经存在，且只能从该文件读出数据。

（3）用 w 方式打开的文件只能向该文件写入数据。若打开的文件不存在，则以指定的文件名建立该文件；若打开的文件已经存在，则将该文件删除，重建一个文件。

（4）若要向一个已存在的文件追加新的信息，只能用 a 方式打开文件。但此时该文件必须是已存在的，否则将会出错。

（5）在打开一个文件时，如果出错，fopen 函数将返回一个空指针值 NULL。在程序中可以用这一信息来判断是否完成了打开文件的工作，并做相应的处理，因此常用以下程序段打开文件。

```
if((fp=fopen("c:\\hzk16","rb"))==NULL)
{
printf("\nerror on open c:\\hzk16 file!");
getch();
exit(1);
}
```

这段程序的含义是，如果返回的指针为空，表示不能打开 C 盘根目录下的 hzk16 文件，则给出提示信息 "error on open c:\ hzk16 file!"，下一行 getch 函数的功能是从键盘输入一个字符，但不在屏幕上显示。在这里，该行的作用是等待，只有当用户从键盘按任一键时，程序才继续执行，因此用户可利用这个等待时间阅读出错提示信息。按键后执行 "exit(1);"

退出程序。

（6）把一个文本文件读入内存时，要将 ASCII 转换成二进制码；把文件以文本方式写入磁盘时，也要把二进制码转换成 ASCII 码，因此文本文件的读写要花费较多的转换时间。对二进制文件的读写不存在这种转换。

（7）标准输入文件（键盘）、标准输出文件（显示器）、标准出错输出文件（出错信息）是由系统打开的，可直接使用。

13.3.2 关闭文件函数

文件一旦使用完毕，应用关闭文件函数 fclose 把文件关闭，以避免出现文件数据丢失等错误。

fclose 函数调用的一般形式是：

```
fclose(文件指针);
```

例如 "fclose(fp);"，正常完成关闭文件操作时，fclose 函数返回值为 0；如返回非 0 值，则表示有错误发生。

13.4 文件的读写函数

实际项目开发过程中，对文件的读和写是最常用的文件操作，C 语言提供了多种文件读写函数，具体分类如下。

> 字符读写函数：fgetc 和 fputc。
> 字符串读写函数：fgets 和 fputs。
> 数据块读写函数：fread 和 fwrite。
> 格式化读写函数：fscanf 和 fprinf。

使用以上函数时都要求包含头文件 stdio.h。

微课 13-3：字符
读写操作

13.4.1 字符读写函数

字符读写函数是以字符（字节）为单位进行读写的函数，每次可从文件读出或向文件写入一个字符。

1. 读字符函数 fgetc

fgetc 函数的功能是从指定的文件中读一个字符，函数调用的形式为：

```
字符变量=fgetc(文件指针);
```

例如：

```
ch=fgetc(fp);
```

其含义是从打开的文件 fp 中读取一个字符赋给 ch。

对于 fgetc 函数的使用有以下几点说明。

（1）在 fgetc 函数调用中，读取的文件必须是以读或读写方式打开的。

（2）读取字符的结果也可以不向字符变量赋值，但是读出的字符不能保存，例如fgetc(fp);。

（3）在文件内部有一个位置指针，用来指向文件的当前读写字节。在文件打开时，该指针总是指向文件的第一个字节。使用 fgetc 函数后，该位置指针将向后移动一字节，因此可连续多次使用 fgetc 函数，读取多个字符。应注意，文件指针和文件内部的位置指针不是一回事儿，文件指针是指向整个文件的，须在程序中定义声明，只要不重新赋值，文件指针的值是不变的；文件内部的位置指针用以指示文件内部的当前读写位置，每读写一次，该指针均向后移动，它不需在程序中定义声明，而是由系统自动设置的。

【例 13.1】假设路径 d:\example\下有文件 c1.txt，请编写程序读取文件 c1.txt 中的内容，并在屏幕上输出。

代码清单 13.1：

```c
#include "stdio.h"
#include "conio.h"
#include "stdlib.h"
void main()
{
  FILE *fp;
  char ch;
  if((fp=fopen("d:\\example\\c1.txt","rt"))==NULL)        //以只读方式打开文件
  {
    printf("\无法打开文件，请按任意键退出!");
    getch();
    exit(1);
  }
  ch=fgetc(fp);                              //循环读取文件里面的每一个字符并显示
  while(ch!=EOF)                             //判断文件是否结束
  {
    putchar(ch);
    ch=fgetc(fp);
  }
  fclose(fp);
}
```

2. 写字符函数 fputc

fputc 函数的功能是把一个字符写入指定的文件中，函数调用的形式为：

```c
fputc(字符量,文件指针);
```

其中，待写入的字符量可以是字符常量或变量。

例如：

```c
fputc('a',fp);
```

其含义是把字符 a 写入 fp 所指向的文件中。

对于 fputc 函数的使用也要说明几点。

（1）被写入的文件可以用写、读写、追加方式打开，用写或读写方式打开一个已存在的文件时，将清除原有的文件内容，写入字符从文件首开始。如需保留原有文件内容，希望写入的字符从文件末开始存放，必须以 a 方式打开文件。被写入的文件若不存在，则创建该文件。

（2）每写入一个字符，文件内部的位置指针向后移动一字节。

（3）fputc 函数有一个返回值，如写入成功，则返回写入的字符，否则返回 EOF，可用此来判断写入是否成功。

【例 13.2】从键盘输入一行字符，写入 c2.txt 文件，再把该文件内容读出并显示在屏幕上。

代码清单 13.2：

```c
#include "stdio.h"
#include "conio.h"
#include "stdlib.h"
void main()
{
  FILE *fp;
  char ch;
  if((fp=fopen("d:\\example\\c2.txt","wt+"))==NULL)   //以读写方式打开文件
  {
    printf("Cannot open file press any key exit!");
    getch();
    exit(1);
  }
  printf("input a string:\n");
  ch=getchar();                        //循环从键盘输入字符
  while(ch!='\n')                      //遇到换行符
  {
    fputc(ch,fp);                      //将该字符写入文件
    ch=getchar();
  }
  rewind(fp);                          //将文件内部位置指针移至文件首
  ch=fgetc(fp);
  while(ch!=EOF)                       //循环读取文件里面每一字符并显示
  {
    putchar(ch);
    ch=fgetc(fp);
  }
  printf("\n");
```

```
  fclose(fp);
}
```

13.4.2 字符串读写函数

微课 13-4：字符
串读写操作

1. 读字符串函数 fgets

fgets 函数的功能是从指定的文件中读一个字符串到字符数组中，函数
调用的形式为：

```
fgets(字符数组名,n,文件指针);
```

其中，n 是一个正整数，表示从文件中读出的字符串不超过 n-1 个字符，在读入的最
后一个字符后加上字符串结束标志"\0"。

例如：

```
fgets(str,n,fp);
```

其含义是从 fp 所指的文件中读出 n-1 个字符送入字符数组 str 中。

【例 13.3】从 c2.txt 文件中读出一个含 10 个字符的字符串。

代码清单 13.3：

```
#include "stdio.h"
#include "conio.h"
#include "stdlib.h"
void main()
{
  FILE *fp;
  char str[11];
  if((fp=fopen("d:\\example\\c2.txt","rt"))==NULL)          //以只读方式打开文件
  {
    printf("\nCannot open file press any key exit!");
    getch();
    exit(1);
  }
  fgets(str,11,fp);                   //从文件中读出一个含 10 个字符的字符串放入数组 str
  printf("\n%s\n",str);               //输出数组内容
  fclose(fp);
}
```

对 fgets 函数有以下两点说明。

（1）在读出 n-1 个字符之前，如遇到了换行符或 EOF，则读出结束。

（2）fgets 函数也有返回值，其返回值是字符数组的首地址。

2. 写字符串函数 fputs

fputs 函数的功能是向指定的文件写入一个字符串，其调用形式为：

```
fputs(字符串,文件指针);
```

其中，字符串可以是字符串常量，也可以是字符数组名或指针变量。

例如：

```
fputs("abcd",fp);
```

其含义是把字符串 " abcd " 写入 fp 所指的文件之中。

【例 13.4】在【例 13.3】建立的文件 c2.txt 中追加一个字符串。

代码清单 13.4：

```
#include "stdio.h"
#include "conio.h"
#include "stdlib.h"
void main()
{
  FILE *fp;
  char ch,st[20];
  if((fp=fopen("d:\\example\\c2.txt","at+"))==NULL)       //以追加的方式打开文件
  {
    printf("Cannot open file press any key exit!");
    getch();
    exit(1);
  }
  printf("input a string:\n");
  scanf("%s",st);                              //输入一个字符串
  fputs(st,fp);                                //将字符串写入文件
  rewind(fp);                                  //将文件内部位置指针移至文件首
  ch=fgetc(fp);                                //以字符形式读取文件并显示
  while(ch!=EOF)
  {
    putchar(ch);
    ch=fgetc(fp);
  }
  printf("\n");
  fclose(fp);
}
```

13.4.3 数据块读写函数

C 语言还提供了用于整块数据的读写函数，可用来读写一组数据，如一个数组元素、一个结构变量的值等。

微课 13-5：数据
块读写操作

读数据块函数调用的一般形式为：

```
fread(buffer,size,count,fp);
```

写数据块函数调用的一般形式为：

```
fwrite(buffer,size,count,fp);
```

其中，buffer 是一个指针，在 fread 函数中，它表示存放输入数据的首地址；在 fwrite 函数中，它表示存放输出数据的首地址。size 表示数据块的字节数。count 表示要读写的数据块块数。fp 表示文件指针。

例如：

```
fread(fa,4,5,fp);
```

其含义是从 fp 所指的文件中每次读 4 字节（1 个实数）送入实数数组 fa 中，连续读 5 次，即读 5 个实数到 fa 中。

【例 13.5】从键盘输入两个学生的数据，写入一个文件中，再读出这两个学生的数据并将其显示在屏幕上。

代码清单 13.5：

```
#include "stdio.h"
struct student
{
  char name[10];
  int num;
  int age;
  float score;
}stu1[2],stu2[2],*p,*q;
void main()
{
  FILE *fp;
  char ch;
  int i;
  p=stu1;
  q=stu2;
  if((fp=fopen("d:\\example\\stu_list.txt","wb+"))==NULL) //以读写方式打开文件
  {
    printf("无法打开文件，请按任意键退出！");
    getch();
    exit(1);
  }
  printf("\ninput data\n");
  for(i=0;i<2;i++,p++)                         //输入指针变量 p 所指向的结构体数据
    scanf("%s%d%d%f",p->name,&p->num,&p->age,&p->score);
  p=stu1;                                      //指针 p 重新指向结构体数组 stu1 首地址
  fwrite(p,sizeof(struct student),2,fp);       //将 p 所指向的数据写入指针 fp 所指向的文件
  rewind(fp);                                  //将文件内部位置指针移至文件首
  fread(q,sizeof(struct student),2,fp);        //读取文件内容存放至结构体数组
  printf("\n\nname\tnumber        age        score\n");
  for(i=0;i<2;i++,q++)                         //输出结构体数组信息
```

```
    printf("%s\t%5d%7d       %.1f\n",q->name,q->num,q->age,q->score);
  fclose(fp);
}
```

13.4.4　格式化读写函数

微课 13-6：格式
化读写操作

　　fscanf、fprintf 函数与前面使用的 scanf 和 printf 函数的功能相似，都是格式化读写函数。两者的区别在于，fscanf 和 fprintf 函数的读写对象不是键盘和显示器，而是磁盘文件。

　　这两个函数的调用形式分别为：

```
fscanf(文件指针,格式字符串,输入列表);
fprintf(文件指针,格式字符串,输出列表);
```

　　例如：

```
fscanf(fp,"%d%s",&i,s);
fprintf(fp,"%d%c",j,ch);
```

　　用 fscanf 和 fprintf 函数也可以完成【例 13.5】的操作，修改后的程序如代码清单 13.6 所示。

　　【例 13.6】用 fscanf 和 fprintf 函数完成【例 13.5】的操作。

　　代码清单 13.6：

```
#include "stdio.h"
#include "conio.h"
#include "stdlib.h"
struct student
{
  char name[10];
  int num;
  int age;
  float score;
}stu1[2],stu2[2],*p,*q;
void main()
{
  FILE *fp;
  int i;
  p=stu1;                                     //指针 p 指向 stu1 数组
  q=stu2;                                     //指针 q 指向 stu2 数组
  if((fp=fopen("d:\\example\\stu_list.txt","wb+"))==NULL)   //以读写方式打开文件
  {
    printf("Cannot open file press any key exit!");
    getch();
    exit(1);
  }
  printf("\ninput data\n");
```

```
   for(i=0;i<2;i++,p++)                        //循环输入两组结构体数据
     scanf("%s%d%d%f",p->name,&p->num,&p->age,&p->score);
   p=stu1;                                     //p重新指向结构体数组stu1首地址
   for(i=0;i<2;i++,p++)                        //循环将p指向的结构体数组写入文件fp
     fprintf(fp,"%s %d %d %f\n",p->name,p->num,p->age,p->score);
   rewind(fp);                                 //将文件内部位置指针移至文件首
   for(i=0;i<2;i++,q++)                        //循环读取文件内容放入q所指向的数组
     fscanf(fp,"%s %d %d %f\n",q->name,&q->num,&q->age,&q->score);
   printf("\n\nname\tnumber      age         score\n");
   q=stu2;                                     //q重新指向stu2数组首地址
   for(i=0;i<2;i++,q++)                        //循环输出q所指向的数组内容
     printf("%s\t%5d  %7d      %f\n",q->name,q->num, q->age,q->score);
   fclose(fp);
}
```

与【例13.5】相比，本程序中fscanf和fprintf函数每次只能读写一个结构体数组元素，因此采用了循环语句来读写全部数组元素。

13.5 常见编译错误与解决办法

文件程序设计过程中常见的错误、警告及解决办法举例如下。

1. 缺少头文件

conio.h：控制台输入/输出头文件，其中定义了通过控制台进行数据输入和数据输出的函数，主要实现一些用户通过键盘产生的对应操作，比如getch函数等。

stdlib.h：标准库头文件，定义了C语言中常用的系统函数，比如exit函数等。

代码清单13.7：

```
#include "stdio.h"
#include "conio.h"
void main()
{
  FILE *fp;
  char ch;
  if((fp=fopen("d:\\example\\c1.txt","rt"))==NULL)       //以只读方式打开文件
  {
    printf("\nCannot open file press any key exit!");
    getch();
    exit(1);
  }
  ch=fgetc(fp);                      //循环读取文件里面的每一个字符并显示
  while(ch!=EOF)                     //判断文件是否结束
  {
```

```
    putchar(ch);
    ch=fgetc(fp);
  }
  fclose(fp);
}
```

警告显示：

warning C4013: 'exit' undefined; assuming extern returning int

解决办法：在 main 函数上面加上代码"#include <stdlib.h>"。

2. 定义文件指针时类型 FILE 使用了小写的 file

代码清单 13.8：

```
#include "stdio.h"
#include "conio.h"
#include "stdlib.h"
void main()
{
  file *fp;
  char str[11];
  if((fp=fopen("d:\\example\\c2.txt","rt"))==NULL)       //以只读方式打开文件
  {
    printf("\nCannot open file press any key exit!");
    getch();
    exit(1);
  }
  fgets(str,11,fp);                //从文件中读出包含 10 个字符的字符串放入数组 str
  printf("\n%s\n",str);            //输出数组内容
  fclose(fp);
}
```

错误显示：

error C2065: 'file' : undeclared identifier

解决办法：将文件指针类型 file 修改为 FILE。

3. 文件路径少写一个\

代码清单 13.9：

```
#include "stdio.h"
#include "conio.h"
#include "stdlib.h"
void main()
{
  FILE *fp;
  char ch;
```

```
    if((fp=fopen("d:\c1.txt","rt"))==NULL)    //以只读方式打开文件
    {
      printf("\nCannot open file press any key exit!");
      getch();
      exit(1);
    }
    ch=fgetc(fp);                                //循环读取文件里面的每一个字符并显示
    while(ch!=EOF)                               //判断文件是否结束
    {
      putchar(ch);
      ch=fgetc(fp);
    }
    fclose(fp);
}
```

警告显示：

```
warning C4129: 'c' : unrecognized character escape sequence
```

解决办法：将文件路径代码"d:\c1.txt"修改为"d:\\c1.txt"。

实例分析与实现

1. 实例分析

录入学生成绩记录就是输入学生成绩信息，如图 13.2 所示，其结构体类型如下。

```
struct STUDENT
{   long id;            //学号
    char name[20];      //姓名
    char sex[10];       //性别
    int math;           //数学成绩
    int english;        //英语成绩
    int c_program;      //C语言成绩
    int total;          //总成绩
};
```

图 13.2　学生成绩信息录入界面

保存所有学生记录就是用文件保存所有学生信息，如图 13.3 所示。

图 13.3　文件中数据界面

读取所有学生记录就是首先读取文件中的学生信息，然后将其显示到屏幕上，如图 13.4 所示。

图 13.4　学生成绩信息读取及显示界面

按总成绩递减输出就是将每门课程成绩累加求出总成绩，然后按照总成绩从高到低排序，如图 13.5 所示。

图 13.5　学生成绩信息排序后显示界面

按学号查询成绩就是输入学号，然后通过和所有学生信息逐一比较，找到学号相等的就显示该生信息，否则显示"该生信息不存在!"，如图 13.6 所示。

图 13.6 按学号查询成绩界面

具体算法如下。

① 定义结构体数组 STUDENT 和全局变量 num。

② 编写主菜单函数，显示进入系统后的主界面。

③ 编写录入学生成绩记录函数。

④ 编写保存文件函数，利用 fprintf 函数实现将结构体数组的数据保存到文件中。

⑤ 编写加载文件函数，利用 fscanf 函数实现从文件读取数据到结构体数组中。

⑥ 编写显示学生成绩记录函数。

⑦ 编写按总成绩递减输出函数。

⑧ 编写根据学号查询学生信息函数。

⑨ 在主函数中根据输入的选项利用 switch 语句调用相应的函数。

2. 项目代码

代码清单 13.10：

```
#include "stdio.h"
#include "stdlib.h"
int num;              //全局变量
struct STUDENT
{   long id;          //学号
    char name[20];    //姓名
    char sex[10];     //性别
    int math;         //数学成绩
    int english;      //英语成绩
    int c_program;    //C 语言成绩
    int total;        //总成绩
}stu[50];
//主菜单函数
void page_title()
{   printf("                学生成绩管理系统\n");
    printf("******************************************************\n");
    printf("        请按-->1 录入学生成绩记录\n");
    printf("        请按-->2 保存所有学生记录\n");
```

```
    printf("           请按-->3 读取所有学生记录\n");
    printf("           请按-->4 按总成绩递减输出\n");
    printf("           请按-->5 按学号查询成绩\n");
    printf("           请按-->0 退出\n");
    printf("******************************************************\n");
}
//录入学生成绩记录函数
void student_new()
{
    int i;
    printf("请输入学生的个数<1-50>:");
    scanf("%d",&num);
    printf("******************************************************\n");
    printf("学号      姓名      性别      数学    英语    C 语言\n");
    printf("******************************************************\n");
    for(i=0;i<num;i++)
    {   scanf("%ld%s%s%d%d%d",&stu[i].id,&stu[i].name,&stu[i].sex,&stu[i].
math,&stu[i].english, &stu[i].english, &stu[i]. c_program;
        stu[i].total=stu[i].c_program+stu[i].english+stu[i].math;//求总成绩
        printf("-----------------------------------------------------\n");
    }
}
//保存文件函数
void save()
{   int i;
    FILE *fp=fopen("c:\\score.txt","w+");
    if(fp==NULL)
    {   printf("文件打开失败!\n");
        exit(1);
    }
    for(i=0;i<num;i++)
        fprintf(fp,"%-10ld%-11s%-9s%-8d%-8d%-9d%-8d\n",stu[i].id,stu[i].name,
stu[i].sex,stu[i].math,stu[i].english,stu[i].c_program,stu[i].total);
    printf("文件保存成功!\n");
    fclose(fp);
}
//加载文件函数
void load()
{   int i;
    int n;      //读取的记录数
    FILE *fp=fopen("c:\\score.txt","r");
    if(fp==NULL)
```

```
    {   printf("文件打开失败!\n");
        exit(1);
    }
    printf("请输入记录数:");
    scanf("%d",&n);
    num=n;
    for(i=0;i<n;i++)
    fscanf(fp,"%10ld%11s%9s%8d%8d%9d%8d",&stu[i].id,&stu[i].name,&stu[i].sex,&stu[i].math,&stu[i].english,&stu[i].c_program,&stu[i].total);
fclose(fp);
printf("\n");
}
//显示学生成绩记录函数
void show()
{   int i;
    printf("*********************************************************************\n");
    printf("学号        姓名        性别        数学        英语        C语言        总成绩\n");
    printf("*********************************************************************\n");
    for(i=0;i<num;i++)
    {
        printf("%-10ld%-11s%-9s%-8d%-8d%-9d%-8d\n",stu[i].id,stu[i].name,stu[i].sex,stu[i].math,stu[i].english,stu[i].c_program,stu[i].total);
        printf("----------------------------------------------------------------\n");
    }
}
//按总成绩递减输出函数
void score_sort()
{
    int i,j;
    struct STUDENT t;
    for(i=0;i<num-1;i++)
    {   for(j=0;j<num-1;j++)
        {   if(stu[j].total<stu[j+1].total)
                {t=stu[j];stu[j]=stu[j+1];stu[j+1]=t;}
        }
    }
}
//根据学号查询学生信息函数
void score_search()
{
    int i=0;
    long stunum;
```

```
    printf("请输入您的学号:");
    scanf("%d",&stunum);
    for(i=0;i<num;i++)
    {   if(stu[i].id==stunum)
        {   printf("*******************************************************
***\n");
            printf("学号        姓名        性别        数学      英语      C 语言      总成
绩\n");
            printf("*******************************************************
***\n");
            printf("%-10ld%-11s%-9s%-8d%-8d%-9d%-8d\n",stu[i].id,stu[i].nam
e,stu[i].sex,stu[i].math,stu[i].english,stu[i].c_program,stu[i].total);
            break;
        }
    }
    if(i==num)
        printf("该生信息不存在!");
}
main()
{   int select;
    int flag=1;//退出标志
    page_title();//主菜单
    while(flag)
    {   printf("请输入选项:");
        scanf("%d",&select);
        switch(select)
        {
          case 1:student_new();break;
          case 2:save();break;
          case 3:load();show();break;
          case 4:score_sort();show();break;
          case 5:score_search();break;
          case 0:flag=0;break;
          default:break;
        }
    }
}
```

进阶案例——简易通信录设计

1. 案例介绍

简易通信录仅仅包含姓名和电话号码两个字段，利用文件操作可以实现简易通信录设计。输入 5 位朋友的姓名和电话号码，姓名和电话号码中间加空格，然后将 5 位朋友的通信信息保存到文本文件中，再读取文件中的所有通信信息到屏幕上。输入数据并进行保存的操作界面如图 13.7 所示。信息保存到文件中后，文件中的信息如图 13.8 所示。读取数据并进行显示的运行结果如图 13.9 所示。

图 13.7 输入数据并进行保存的操作界面

图 13.8 文件中的信息

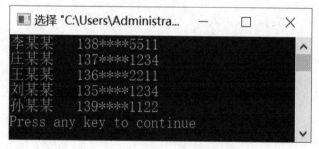

图 13.9 读取数据并显示数据

2. 案例分析

首先定义一个包含 5 个元素的结构体数组，结构体成员包括姓名和电话号码。然后编写保存信息函数，输入 5 位朋友的通信信息，姓名和电话号码之间加空格，利用 fputs 函数依次保存到文件中，保存时每位朋友的电话号码后面加上换行符。为了控制读取位置，编写读取信息函数，逐一读取字符，如果不是空格，读取姓名信息；如果是空格，说明下一个字符是电话号码；如果是电话号码，读取电话号码，分别将字符依次存储到姓名或者电话号码数组中。最后编写显示信息函数和主函数，主函数中分别调用保存信息函数、读取信息函数和显示信息函数。

具体算法如下。

① 定义一个包含 5 个元素的结构体数组。

② 编写保存信息函数，利用 fputs 函数实现将数据保存到文件中。

③ 编写读取信息函数，利用 fgetc 函数逐一读取文件中的字符，通过判断字符类型分别将读取的信息保存到姓名或者电话号码数组中。

④ 编写显示信息函数，输出结构体数组中的所有数据。

⑤ 编写主函数，分别调用保存信息函数、读取信息函数和显示信息函数。

3．项目代码

代码清单 13.11：

```
struct addr
{
    char nam[20];
    char phoneid[20];
}tel[5];
//保存信息函数
void save()
{
    FILE *fp;
    char infor[30];
    int i;
    if((fp=fopen("d:\\c2.txt","wt"))==NULL)
    {
        printf("文件打开失败!\n");
        exit(1);
    }
    printf("请输入姓名和电话号码(中间用空格隔开).\n");
    for(i=0;i<=4;i++)
    {
        gets(infor);
        strcat(infor,"\n");    //在电话号码后面加换行符
        fputs(infor,fp);        //保存信息
    }
    printf("文件保存成功!\n");
    fclose(fp);
}
//读取信息函数
void load()
{
    FILE *fp;
```

```
        char infor[25],ch;
        int i,j,k,f=1;
        if((fp=fopen("d:\\c2.txt","rt"))==NULL)
        {
            printf("文件打开失败!\n");;
            exit(1);
        }
        for(i=0;i<=4;i++)
        {
            f=1;j=0;k=0;
            ch=fgetc(fp);                //逐一读取字符
            while(ch!='\n')
            {
                if(ch!=' '&&f==1)    //如果不是空格,读取姓名信息
                    tel[i].nam[j++]=ch;
                if(ch==' ')          //如果是空格,下一个是电话号码
                    f=0;
                if(f==0)             //如果是电话号码,读取电话号码
                    tel[i].phoneid[k++]=ch;
                ch=fgetc(fp);
            }
        }
}
//显示信息函数
void pri()
{
    int i;
    for(i=0;i<=4;i++)
        printf("%s\t%s\n",tel[i].nam,tel[i].phoneid);
}
main()
{
    save();   //调用保存信息函数
    load();   //调用读取信息函数
    pri();    //调用显示信息函数
}
```

本章小结

本章首先描述了学生成绩管理系统设计实例;然后介绍了文件的定义及分类、文件指针、文件的打开与关闭、文件的读写函数等;同时介绍了常见的编译错误与解决办法;最后进行了实例的分析与实现,并通过了结果验证,以及简易通讯录设计进阶案例的分析与

实现。其中文件的打开与关闭、文件的读写函数，尤其是格式化读写函数是重点内容，数据块的读写函数是难点内容。

通过对本章的学习，读者应该能够了解文件的定义及分类；熟练掌握文件的打开与关闭；掌握文件的各类读写函数，并运用本章知识解决实际应用问题。

同步训练

一、选择题

1. 下列关于 C 语言数据文件的叙述中正确的是（　　）。

    A. 文件由 ASCII 字符序列组成，C 语言只能读写文本文件

    B. 文件由二进制数据序列组成，C 语言只能读写二进制文件

    C. 文件由记录序列组成，可按数据的存放形式分为二进制文件和文本文件

    D. 文件由数据流形式组成，可按数据的存放形式分为二进制文件和文本文件

2. 以下叙述中不正确的是（　　）。

    A. C 语言中的文本文件以 ASCII 形式存储数据

    B. C 语言中对二进制文件的访问速度比文本文件快

    C. C 语言中，随机读写方式不适用于文本文件

    D. C 语言中，顺序读写方式不适用于二进制文件

3. 若执行 fopen 函数时发生错误，则函数的返回值是（　　）。

    A. 地址值　　　　B. 0　　　　C. 1　　　　D. EOF

4. 若 fp 是指向某文件的指针，当未遇到该文件结束标志时，函数 feof(fp)的值为（　　）。

    A. 0　　　　B. 1　　　　C. -1　　　　D. 一个非 0 值

5. 在 C 程序中，可把整型数据以二进制形式存放到文件中的函数是（　　）。

    A. fprintf 函数　　　B. fread 函数　　　C. fwrite 函数　　　D. fputc 函数

6. 标准函数 fgets(s, n, f) 的功能是（　　）。

    A. 从文件 f 中读取长度为 n 的字符串存入指针 s 所指的内存

    B. 从文件 f 中读取长度不超过 n-1 的字符串存入指针 s 所指的内存

    C. 从文件 f 中读取 n 个字符串存入指针 s 所指的内存

    D. 从文件 f 中读取长度为 n-1 的字符串存入指针 s 所指的内存

7. 以下程序将终端输入的字符输出到 abc.txt 文件中，直到从终端读入字符#时结束，程序出错的原因是（　　）。

```
main()
{ FILE *fout; char ch;
  fout=fopen('abc.txt','w');
  ch=fgetc(stdin);
  while(ch!='#')
  { fputc(ch,fout);
```

```
      ch=fgetc(stdin);
   }
   fclose(fout);
 }
```

A. 函数 fopen 调用形式错误
B. 输入文件没有关闭
C. 函数 fgetc 调用形式错误
D. 文件指针 stdin 没有定义

8. 有如下程序。

```
main()
{ FILE *fp1;
  fp1=fopen("f1.txt","w");
  fprintf(fp1,"abc");
  fclose(fp1);
}
```

若文本文件 f1.txt 中原有内容为 good,则运行以上程序后文件 f1.txt 中的内容为(   )。

A. goodabc   B. abcd   C. abc   D. abcgood

二、填空题

1. 若要用 fopen 函数打开一个新的二进制文件,该文件要既能读也能写,则文件使用方式应是_____。

2. 若 fp 已正确定义为一个文件指针,d1.dat 为二进制文件,为 "读" 而打开此文件的语句为 "fp=fopen(_____)"。

3. 下面程序把从终端读入的文本(用@作为文本结束标志)输出到一个名为 bi.dat 的新文件中,将程序补充完整。

```
main()
{ FILE  *fp;
  char ch;
  if((fp=fopen(_____))==NULL) exit(0);
  while((ch=getchar( ))!='@') fputc(ch,fp);
  fclose(fp);
}
```

4. 下面的程序用来统计文件中字符的个数,将程序补充完整。

```
main()
{ FILE *fp;
  long num=0;
  if((fp=fopen("fname.dat","r"))==NULL)
  { printf("Can't open file! \n");  exit(0);}
  while(_____)
  { fgetc(fp); num++;}
  printf("num=%d\n", num);
  fclose(fp);
}
```

三、程序设计题

1. 编程实现，由键盘输入一个文件名，然后把从键盘输入的字符依次存放到该文件中，用#作为结束输入的标志。

2. 编程实现，从键盘上输入一个字符串，把该字符串中的小写字母转换为大写字母，输出到文件 test.txt 中，然后从该文件中读出字符串并输出。

技能训练

通过扫描二维码观看示范操作视频，进一步巩固文件的打开、文件的关闭、字符读写函数、字符串读写函数等相关知识，从而提高学习者的程序设计水平，达到学以致用的目的。

操作视频：文件的应用

附录 A 常用字符与 ASCII 值对照表

ASCII 值	字符	ASCII 值	字符	ASCII 值	字符	ASCII 值	字符
0	NUL	25	EM	50	2	75	K
1	SOH	26	SUB	51	3	76	L
2	STX	27	ESC	52	4	77	M
3	ETX	28	FS	53	5	78	N
4	EOT	29	GS	54	6	79	O
5	ENQ	30	RS	55	7	80	P
6	ACK	31	US	56	8	81	Q
7	BEL	32	Space	57	9	82	R
8	BS	33	!	58	:	83	S
9	HT	34	"	59	;	84	T
10	LF	35	#	60	<	85	U
11	VT	36	$	61	=	86	V
12	FF	37	%	62	>	87	W
13	CR	38	&	63	?	88	X
14	S0	39	`	64	@	89	Y
15	SI	40	(	65	A	90	Z
16	DLE	41	)	66	B	91	[
17	DC1	42	*	67	C	92	\
18	DC2	43	+	68	D	93	]
19	DC3	44	,	69	E	94	^
20	DC4	45	–	70	F	95	_
21	NAK	46	.	71	G	96	'
22	SYN	47	/	72	H	97	a
23	ETB	48	0	73	I	98	b
24	CAN	49	1	74	J	99	c

续表

ASCII 值	字符	ASCII 值	字符	ASCII 值	字符	ASCII 值	字符
100	d	107	k	114	r	121	y
101	e	108	l	115	s	122	z
102	f	109	m	116	t	123	{
103	g	110	n	117	u	124		
104	h	111	o	118	v	125	}
105	i	112	p	119	w	126	~
106	j	113	q	120	x	127	DEL

附录 Ⓑ 运算符优先级和结合 方向

优先级	目数	运算符	名称	结合方向
1	单目	()	圆括号	左结合
		[]	索引	
	双目	->	指向	
		.	成员	
2	单目	!	逻辑非	右结合
		~	按位取反	
		++	自增	
		--	自减	
		-	负号	
		+	正号	
		（类型）	强制类型转换	
		*	指针所指对象	
		&	取地址	
		sizeof	长度运算符	
3	双目	*	乘法	左结合
		/	除法	
		%	求余	
4	双目	+	加法	左结合
		-	减法	
5	双目	<<	左移	左结合
		>>	右移	
6	双目	<	关系运算符	左结合
		<=		
		>		
		>=		
7	双目	==	等于	左结合
		!=	不等于	

续表

优先级	目数	运算符	名称	结合方向
8	双目	&	按位与	左结合
9	双目	^	按位异或	左结合
10	双目	|	按位或	左结合
11	双目	&&	逻辑与	左结合
12	双目	||	逻辑或	左结合
13	三目	?:	条件	右结合
14	双目	= += −= *= /= %= >>= <<= &= ^= |=	赋值类	右结合
15	双目	,	逗号	左结合

附录 C C 语言常用函数表

1. 数学函数（头文件：math.h）

函数原型	功能及返回值
int abs(int i)	计算并返回 i 的绝对值
double acos(double x)	计算并返回 x 的反余弦函数值
double asin(double x)	计算并返回 x 的反正弦函数值
double atan(double x)	计算并返回 x 的反正切函数值
double atan2(double y,double x)	计算并返回 y/x 的反正切函数值
double ceil(double x)	计算并返回大于或者等于 x 的最小整数
double cos(double x)	计算并返回 x 的余弦函数值
double cosh(double x)	计算并返回 x 的双曲余弦函数值
double exp(double x)	计算并返回 e 的 x 次方的值
double fabs(double x)	计算并返回 x 的绝对值
double floor(double x)	计算并返回不大于 x 的最大整数
double fmod(double x,double y)	计算并返回 x 对 y 的模，即 x/y 的余数
double frexp(double value,int *eptr)	将参数 value 分成两部分：0.5 和 1 之间的尾数（由函数返回）和以 2 为底的指数 n，并返回指数 n，value=返回值*2 的 n 次方，n 存放在 eptr 指向的变量中
double hypot(double x,double y)	计算并返回直角三角形的斜边长
long labs(long n)	计算并返回 n 的绝对值
double ldexp(double value,int exp)	计算并返回 value*2^{exp} 的值
double log(double x)	计算并返回以 e 为底的 x 的对数
double log10(double x)	计算并返回以 10 为底的 x 的对数
double modf(double value,double *iptr)	函数将参数 value 分割为整数和小数，返回小数部分并将整数部分赋给 iptr

续表

函数原型	功能及返回值
double pow(double x,double y)	计算并返回 x 的 y 次方的值
double pow10(int p)	计算并返回 10 的 p 次方的值
double sin(double x)	计算并返回 x 的正弦函数值
double sinh(double x)	计算并返回 x 的双曲正弦函数值
double sqrt(double x)	计算并返回 x 的平方根
double tan(double x)	计算并返回 x 的正切函数值
double tanh(double x)	计算并返回 x 的双曲正切函数值

2. 字符函数（头文件：ctype.h）

函数原型	功能及返回值
int isalpha(int c)	若 c 是字母则返回 1（True），否则返回 0（False）
int isdigit(int c)	若 c 是数字则返回 1（True），否则返回 0（False）
int isspace(int c)	若 c 是空格符则返回 1（True），否则返回 0（False）
int isalnum(int c)	若 c 是字母或数字则返回 1（True），否则返回 0（False）
int iscntrl(int c)	若 c 是控制字符则返回 1（True），否则返回 0（False）
int isprint(int c)	若 c 是可打印字符则返回 1（True），否则返回 0（False）
int isgraph(int c)	若 c 不是空格之类的可打印字符则返回 1（True），否则返回 0（False）
int ispunct(int c)	若 c 是空格、字母或数字以外的可打印字符则返回 1（True），否则返回 0（False）
int islower(int c)	若 c 是一个小写字母则返回 1（True），否则返回 0（False）
int isupper(int c)	若 c 是一个大写字母则返回 1（True），否则返回 0（False）
int isxdigit(int c)	若 c 是一个十六进制数字则返回 1（True），否则返回 0（False）
int tolower(int c)	若 c 是一个大写字母则返回小写字母，否则直接返回 c
int toupper(int c)	若 c 是一个小写字母则返回大写字母，否则直接返回 c

3. 字符串函数（头文件：string.h）

函数原型	功能及返回值
int strlen(char *str)	返回字符串 str 指向的字符串的长度
char *strcpy(char *str1,char *str2)	将 str2 指向的字符串复制到 str1 指向的字符串中，并返回 str1 地址
char *strncpy(char *d,char *s,int n)	复制 s 指向的字符串的前 n 个字符到 d 指向的字符串中，并返回 str1 地址
char *strcat(char *str1,char *str2)	将 str2 指向的字符串连接到 str1 指向的后面，并返回 str1 地址
char *strncat(char *str1,char *str2,int n)	将 str2 指向的字符串的前 n 个字符连接到 str1 指向的字符串后面，并返回 str1 地址
int strcmp(char *str1,char *str2)	比较 str1 指向的字符串与 str2 指向的字符串，若 str1>str2，返回正值；若 str1==str2，返回 0；若 str1<str2，返回负值
int strncmp(char *str1,char *str2,int n)	比较 str1 指向的字符串与 str2 指向的字符串的前 n 个字符，若 str1>str2，返回正值；若 str1==str2，返回 0；若 str1<str2，返回负值
char *strchr(char *str,char c)	查找字符 c 在 str 指向的字符串中第一次出现的位置，若找到则返回该位置的地址，否则返回 NULL
char *strrchr(char *str,char c)	查找字符 c 在 str 指向的字符串中最后一次出现的位置，若找到则返回该位置的地址，否则返回 NULL
char *strstr(char *str1,char *str2)	查找 str2 指向的字符串在 str1 指向的字符串中第一次出现的位置，若找到则返回该位置的地址，否则返回 NULL

4. 输入/输出函数（头文件：stdio.h）

函数原型	功能及返回值
void clearerr(FILE* fp)	使 fp 所指向文件的错误标志和文件结束标志置 0
int fclose(FILE* fp)	关闭 fp 所指向的文件，有错则返回非 0，否则返回 0
int feof(FILE* fp)	检查文件是否结束，文件结束返回非 0，否则返回 0
int fgetc(FILE* fp)	从 fp 所指向的文件中取得下一个字符，返回所得到的字符，若读入出错，返回 EOF
char *fgets(char *buf,int n, FILE* fp)	从 fp 指向的文件读取一个长度为（n-1）的字符串，存入起始地址为 buf 的空间，返回地址 buf，若遇文件结束标志或错误标志，返回 NULL

函数原型	功能及返回值
FILE *fopen(char *filename,char *mode)	以 mode 指定的方式打开名为 filename 的文件，若成功，返回一个文件指针，否则返回 0
int fprintf(FILE* fp,char *format,args)	把 args 的值以 format 指定的格式输出到 fp 所指向的文件中
int fputc(char ch, FILE* fp)	将字符 ch 输出到 fp 指向的文件中，若成功，则返回该字符，否则返回非 0
int fputs(char *str, FILE* fp)	将 str 指向的字符串输出到 fp 指向的文件中，若成功，则返回 0，出错返回非 0
int fread(char *pt,unsigned size, unsigned n, FILE* fp)	从 fp 指向的文件中读取长度为 size 的 n 个数据项，存到 pt 所指向的内存区，返回所读的数据项个数，如果遇文件结束标志或错误标志，则返回–1
int fscanf(FILE* fp,char *format,args)	从 fp 指向的文件中按 format 指定的格式将输入的数据送到 args 的内存单元，返回已输入的数据个数
int fseek(FILE* fp,long offset,int base)	将 fp 指向的文件的位置指针移到以 base 所给出的位置为基准、以 offset 为位移量的位置，返回当前位置；否则，返回–1
long ftell(FILE* fp)	返回 fp 所指向的文件中的读写位置
int fwrite(char *ptr,unsigned size, unsigned n, FILE* fp)	把 ptr 所指向的 n*size 字节输出到 fp 所指向的文件中，返回写到 fp 文件中的数据项的个数
int getchar()	从标准输入设备读取下一个字符
int printf(char *format,args)	按 format 指定的格式，将输出列表 args 的值输出到标准输出设备，返回输出字符的个数，若出错，返回负数
int putc(int ch, FILE* fp)	把一个字符 ch 输出到 fp 所指的文件中，返回输出的字符 ch，若出错，返回 EOF
int putchar(char ch)	把字符 ch 输出到标准输出设备、返回输出的字符 ch，若出错，返回 EOF
int puts(char *str)	把 str 所指向的字符串输出到标准输出设备，将 '\0' 转换为换行符并返回换行符，若失败，返回 EOF
void rewind(FILE* fp)	将 fp 指向的文件中的位置指针置于文件开头位置，并清除文件结束标志和错误标志，无返回值
int scanf(char *format,args)	从标准输入设备按 format 指定的格式，输入数据给 args 的内存单元，返回读入并赋给 args 的数据个数，遇文件结束标志，返回 EOF，出错返回 0

5. 动态存储分配函数（头文件：malloc.h）

函数原型	功能及返回值
void *calloc(unsigned n,unsigned size)	分配 n 个数据项的内存连续空间，每个数据项的大小为 size，返回分配的内存单元的起始地址，如不成功，返回 0
void free(void *fp)	释放 p 所指的内存区，无返回值
void *malloc (unsigned size)	分配 size 字节的存储区，返回所分配的内存区起始地址，如内存不够，返回 0

参考文献

[1] 明日科技. C 语言从入门到精通：第 5 版［M］. 北京：清华大学出版社，2021.

[2] 谭浩强. C 程序设计：第 5 版［M］. 北京：清华大学出版社，2017.

[3] 李学刚，戴白刃. C 语言程序设计：第 3 版［M］. 北京：高等教育出版社，2022.

[4] 匡泰，时允田. C 语言程序设计项目式教程：在线实验+在线自测［M］. 北京：人民邮电出版社，2017.

[5] 苏小红，王甜甜等. C 语言程序设计学习指导：第 4 版［M］. 北京：高等教育出版社，2019.

[6] 宋铁桥，刘洁，赵叶. C 语言程序设计任务驱动式项目教程第 3 版微课版［M］. 北京：人民邮电出版社，2022.

[7] 梁义涛. C 语言从入门到精通（精粹版）［M］. 北京：人民邮电出版社，2018.

[8] 文杰书院. C 语言程序设计基础入门与实战（微课版）［M］. 北京：清华大学出版社，2020.

[9] 徐国华，王瑶，侯小毛. C 语言程序设计（慕课版）［M］. 北京：人民邮电出版社，2017.

[10] 丁发红. C 语言程序设计［M］. 北京：电子工业出版社，2020.

[11] 王一萍，梁伟等. C 语言从入门到项目实战［M］. 北京：中国水利水电出版社，2019.

[12] Stephen Prata. C Primer Plus：第 6 版 中文版［M］. 北京：人民邮电出版社，2019.